Watch the Panzer!
ウォッチ・ザ・パンツァー

博物館に現存するドイツ戦車実車写真集

ドイツ戦車の魅力に取り憑かれ、資料を集めてプラモデルを作り込む……本書をご覧になっているみなさんの多くもそうだと思う。理想は世界各国の戦車博物館に行って実際にその目で見ることだが、なかなか難しい。そんな病が高じて、ついにはドイツ戦車を訪ねて世界各国の戦車博物館を歩いてきた笹川俊雄が、読者の皆様をドイツ軍戦車の展示されている世界各国の戦車博物館に誌上でご案内いたします

「さあ、ドイツ戦車に会いに行こう!」

目次 Contents

- Ⅰ号戦車 Pz.kpfw.Ⅰ ……………………………………… 3
- Ⅱ号戦車F型 Pz.kpfw.Ⅱ Ausf.F ………………………… 6
- Ⅱ号戦車L型 ルクス Pz.kpfw.Ⅱ Ausf.L ………………… 8
- Ⅱ号対戦車自走砲マーダーⅡ MarderⅡ ……………… 10
- Ⅱ号自走軽野戦榴弾砲ヴェスペ Wespe ………………… 15
- Ⅲ号戦車E/F/J/L/M型 Pz.kpfw.Ⅲ Ausf.E/F/J/L/M …… 21
- Ⅲ号戦車N型 Pz.kpfw.Ⅲ Ausf.N ………………………… 24
- Ⅲ号突撃砲C/D型 StuG.Ⅲ Ausf.C/D ……………………… 26
- Ⅲ号突撃砲F型 StuG.Ⅲ Ausf.F …………………………… 28
- Ⅲ号突撃砲G型 StuG.Ⅲ Ausf.G …………………………… 30
- Ⅲ号突撃砲G型(42式10.5cm突撃榴弾砲搭載型) StuH.42 … 38
- Ⅳ号戦車D/F2/G型 Pz.kpfw.Ⅳ Ausf.D/F2/G …………… 40
- Ⅳ号戦車H型 Pz.kpfw.Ⅳ Ausf.H ………………………… 44
- Ⅳ号戦車J型 Pz.kpfw.Ⅳ Ausf.J …………………………… 48
- ナースホルン/フンメル Nashorn/Hummel ……………… 52
- Ⅳ号車台軽榴弾砲武器運搬車 Geschützwagen Ⅲ/Ⅳ …… 56
- Ⅳ号突撃戦車ブルムベア Brummbär ……………………… 58
- Ⅳ号対空戦車メーベルワーゲン Möbelwagen …………… 60
- Ⅳ号対空戦車ヴィルベルヴィント Wirbelwind ………… 62
- Ⅳ号駆逐戦車F型 Pz.jag Ⅳ ………………………………… 64
- Ⅳ号駆逐戦車(V)/(A)型 Pz.Ⅳ/70 ………………………… 66
- パンターD型 Panther D …………………………………… 70
- パンターA型 Panther A …………………………………… 72
- パンターG型 Panther G …………………………………… 78
- ベルゲパンター Bergepanther …………………………… 82
- ヤークトパンター Jagdpanther …………………………… 84
- ティーガーⅠ初期型 TigerⅠ ……………………………… 86
- ティーガーⅠ中/後期型 TigerⅠ ………………………… 90
- 突撃臼砲車シュトルムティーガー Sturmmörser Tiger … 92
- ヤークトティーガー Jagdtiger …………………………… 94
- ティーガーⅡ TigerⅡ ……………………………………… 96
- フェアディナント/エレファント重駆逐戦車 Elefant …… 101
- 35(t)/38(t)戦車 35(t)/38(t) ……………………………… 102
- 38(t)駆逐戦車ヘッツアー Hetzer ………………………… 106
- マーダーⅢ(R)、マーダーⅢM型、グリレK型 MarderⅢ, Grille … 108
- タンクミュージアムリスト Tank Museum List ………… 112

(写真は上より)
ムンスターT/M(独)のドイツ最初の戦車A7V
帝国戦争博物館(英)のヤクトパンター
トゥーンT/M(スイス)のヤクトパンター
パローラT/M(フィンランド)

#1
Panzerkampfwagen I
I号戦車

写真／笹川俊雄、土居雅博、澤田清、大久保大治

Photo : Toshio SASAGAWA, Masahiro DOI, Kiyoshi SAWADA, Daiji OHKUBO

第一次大戦に破れたドイツが再軍備に際して最初に生産した戦車で、開発当初は秘匿のために農業用トラクターと称されていた。機関銃2挺装備の訓練用戦車であったが、第二次大戦初頭の電撃戦では戦車戦力の一翼を担っている。現存するI号戦車は、A型が3両、B型が3両、B型ベースの指揮戦車が1両、4.7㎝対戦車自走砲1両、重装甲F型が2両である

I号戦車
Panzerkanpfwagen I

武装：7.92mm MG13×2
乗員：2名
重量：9.5t
装甲：5～15mm
最高速度：37.5km/h

ムンスター戦車博物館
Panzermusuem Munster

1 2 3 第二次大戦のドイツ軍のすべての戦車の祖先となったI号戦車A型は世界中に全部で5両が現存している。ムンスター戦車博物館、アクスバル戦車博物館、オスロ陸軍博物館、そしてオタワ戦争博物館である。そのなかで、I号を見に行くならここ、ムンスターがオススメである。このI号戦車は1984年に南バイエルン、バード・テルツの道路工事現場で発見された車体（車体番号9053）で、1988年にレストアが完了してムンスターに納入された。非常にきれいな状態で、かなり高さのあるターンテーブルに載せられてゆっくり回転しながら見せる趣向となっている

コブレンツ国防技術博物館
BWB Wehrtechnishe Studiensammlung Koblenz

4 5 コブレンツには世界で唯一、I号戦車の派生車両である4.7㎝対戦車自走砲が展示されている。北アフリカ戦線でアメリカ軍に捕獲されて、戦後アバディーン戦車博物館に展示されていたものがドイツに返還された車両。ムンスターのI号A型同様、きれいにレストアされて、非常によい状態で展示されている。側面装甲板が後方に延長された後期生産型。ちなみに装甲板の厚みの実測値は14mmだった

スペイン陸軍 アコラザダス博物館
Mused De Unidaes Acorazadas

I号戦車B型はこの項の2カ所とロシア・クビンカ戦車博物館に、3両が残っている。アコラザダスには、スペイン市民戦争でナショナリスト軍によって使われたI号戦車B型が展示されている。屋外展示のため状態はよくないが、各ハッチは可動する。**6**塗装、マーキングはオリジナルのものではないが、市民戦争当時の第4戦車団のものを再現している **7**スペイン軍によって取りつけられた旗竿を立てるパイプ **8 9 10**I号戦車B型のディテール。装甲が薄く、華奢な作りの戦車であることがわかる

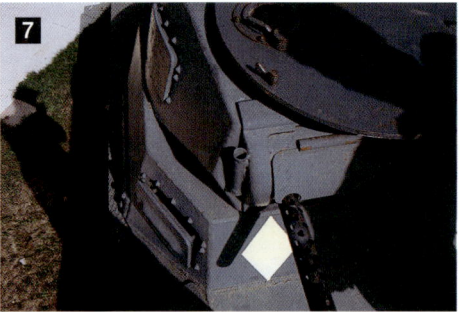

RAC戦車博物館
RAC Tank Museum

ボービントン戦車博物館の第二次大戦北アフリカ戦線の展示コーナーには、世界で唯一I号戦車の派生型車両であるI号指揮戦車が展示されている。1943年チュニジアでイギリス軍に捕獲された車両 **11 12**この指揮戦車は戦闘室前面上部に16mm下部に12mmの増加装甲板を取りつけ、戦闘室後面に雑具箱を備えている **13 14**フェンダー上の装備品はすべて失われている

Panzerkampfwagen I

アメリカ陸軍兵器博物館
U.S. ARMY Ordnance Museum, Abardeen Prouing Grownd, USA

15 アバディーンには、やはり北アフリカ戦線で捕獲したI号戦車B型が展示されている。何度も塗り直されているが、海岸に近い場所に長年野ざらしにされているので、状態はあまりよいとは言えない 16 機関銃はオリジナルのものではない 17 操縦手ハッチヒンジと増加装甲板のアップ。増加装甲を止めているボルトとハッチの回りのリベットの形の違いに注意 18 フェンダーなどの薄い鉄板の部分は腐食が進み、OVM類も失われているが、取りつけ金具は比較的よい状態で残っている 19 車体右側のクラッペはスリットが付けられていない

クビンカ戦車博物館
MIBIT Reserch Collection, Kubinka, Russia

モスクワ郊外から西南60kmの場所にあり、正式にはクビンカ兵器試験所博物館。ロシア軍AFV以外の車両の機銃はすべて鉄パイプ。保存状態は極めて悪いが、世界でここにしか残存しない貴重な車両が多い 20 世界で唯一現存するI号戦車F型 21 I号戦車B型。フェンダー、ヘッドライトはオリジナルではない

Panzerkampfwagen II Ausf. F
II号戦車F型

写真／笹川俊雄、梅本 弘
Photo：Toshio SASAGAWA, Hirosi UMEMOTO

ドイツが再軍備した当初、機関銃装備の訓練用I号戦車しか持っていなく、本格的な主力戦車（後のIII号、IV号戦車）の開発が進まないことから作られたのがII号戦車であった。2cm機関砲を持ち、ある程度戦闘力があり、第二次大戦初期の電撃戦では戦車戦力の主力として活躍している

クビンカ戦車博物館
MIBIT Reserch Collection, Kubinka, Russia

■前より2両目がII号F型。砲塔の同軸機関銃や前照灯はロシア製のものが取り付けられている

ソミュール戦車博物館
Saumur Musee des Blindes

■著者が訪れた時はレストア中だったが、現在はレストアが完了している

RAC戦車博物館
RAC Tank Museum

■1971年にタミヤのMMシリーズで発売されたII号F型は、この車両を取材して設計された

■世界に残るII号戦車

1934年、10ｔクラスの偵察用軽戦車としてMAN社に発注され、'35年10月より生産された。さっそく'36年よりスペイン市民戦争、ポーランド戦より使用され、'42年まで生産は続けられた。

A～L型まで各種のII号戦車は、その後MAN社のみならずダイムラーベンツ、FAMO社などで約650両が生産されたが、現存するII号戦車は8両である（ルクスを除く）。試作車a～c型シリーズ、最初の量産型A型は残存していない。さらに快速偵察用軽戦車として作られたD、E型、その派生型である火焔放射戦車、マーダーII D型が合わせて150両ほど作られたはずであるが、これらも1両も残っていない。

■ムンスター戦車博物館
Panzermuseum Munster, Germany
・各部にオリジナル塗装が残ったII号C型（前部が曲面装甲の車体のみ）が保存されている（現在はレストア中と思われる）。

■ベオグラード軍事博物館
Beograd Military Museum, Yugoslavia
・唯一のB型（増加装甲付き）が残っている。

■オタワ戦争博物館
War Museum, Ottawa, Canada
・II号C型（増加装甲付き）であり、ターレットナンバー「112」が記され、展示館内に収容されている。

■レニノ軍事歴史館
Snegin Museum of Military History, Lenino, Russia
・ロシア、レニノにある軍事歴史館外部展示場にある。II号C型車台のみで、砲塔は失われている。

■ソミュール戦車博物館
Saumur Armour Museum, France
・野外のジャンクヤードにII号C型（車体のみ）が放置されていたが、現在はレストアが完了している。

6

Panzerkampfwagen II Ausf. F

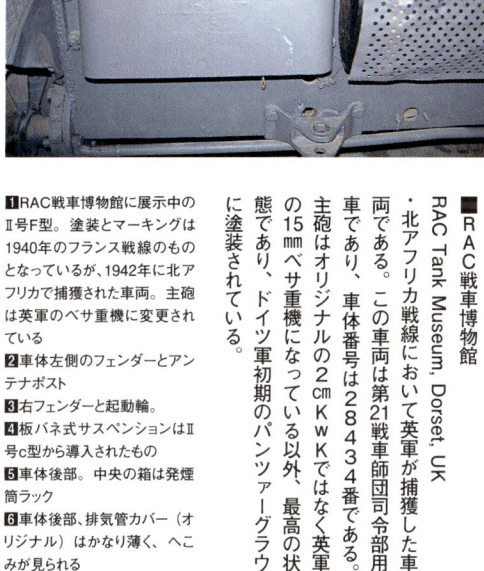

❶ RAC戦車博物館に展示中のⅡ号F型。塗装とマーキングは1940年のフランス戦線のものとなっているが、1942年に北アフリカで捕獲された車両。主砲は英軍のベサ重機に変更されている
❷ 車体左側のフェンダーとアンテナポスト
❸ 右フェンダーと起動輪。
❹ 板バネ式サスペンションはⅡ号c型から導入されたもの
❺ 車体後部。中央の箱は発煙筒ラック
❻ 車体後部、排気管カバー（オリジナル）はかなり薄く、へこみが見られる

■RAC戦車博物館
RAC Tank Museum, Dorset, UK
・北アフリカ戦線において英軍が捕獲した車両である。この車両は第21戦車師団司令部用の車両であり、車体番号は28434番である。主砲はオリジナルの2cmKwKではなく英軍の15mmベサ重機になっている以外、最高の状態であり、ドイツ軍初期のパンツァーグラウに塗装されている。

■ムンスター戦車博物館
Panzermuseum Munster, Germany
・大戦中、米軍が北アフリカで捕獲した車両であり、1989年までアバディーンの陸軍兵器博物館に展示されていた。'89年から'99年の長期ローン契約によりドイツに返還され、'99年現在はレストア中であった（'99年8月訪問時。現在はレストア済）。

■クビンカ戦車博物館
NIBIT Reserch Collection Kubinka, Russia
・このF型はあまりよい状態ではなく、右側の操縦手席前面ダミークラッペ、砲身、ライト類が失われている。

Ⅱ号戦車の最終量産型であり、ほとんどⅡ号戦車を代表する生産型で、520両余りが作られた。G、J、H、M型は試作車で数両しか作られず、現存もしていない。F型は現在3両が知られている。

Ⅱ号戦車F型
Panzerkanpfwagen Ⅱ Ausf. F

武装：2cm KwK 30 L/55×1、7.92mm MG34×1
乗員：3名
重量：9.5t
装甲：35〜20mm
最高速度：40 km/h

Panzerkampfwagen Ⅱ Ausf. L (Luchs)
Ⅱ号戦車L型ルクス

写真／笹川俊雄
Photo : Toshio SASAGAWA

Ⅱ号戦車L型は、純粋に偵察用として開発された軽戦車で、それ以前の型式とはまったく違う、完全新開発の車両であった。高い機動力で偵察用軽戦車としては優れた能力を持っていたが、戦局はさらに強力な車両を求めていて、結局少量が生産されたのに止まった

RAC戦車博物館
RAC Tank Museum, UK

Ⅱ号戦車L型［ルクス］は、1939年からダイムラーベンツ社によって開発が始められた。'42年4月には試作車VK1301が作られ、量産は'43年9月から始められた。車台はMAN、戦闘室と砲塔はダイムラーベンツによって生産されたが、出現時には武装が貧弱になったため、800両の生産計画に対し100両のみの生産で打ち切られている。本車は軽偵察戦車として、ロシアおよびヨーロッパ戦線で使用された。
制式名称は［Panzerspähwagen］Ⅱ号装甲偵察車であった。

■ソミュール戦車博物館
Saumur Armour Museum, France
・この車両は、ノルマンディー戦跡のスクラップヤードに放置されていた車両であった。それをソミュール博物館のレストアチームが心血を注いで復元し、ついに走行可能な状態にまでに仕上げた情熱には、必ず敬意を表したい。毎年行なわれるパレードには、必ずその元気な姿を見せる人気の車である。
砲塔番号は、捕獲当時の［4101］が書かれている。主砲の2cm戦車砲は、同軸機銃と共にオリジナルである。

■RAC戦車博物館
RAC Tank Museum, Dorset, UK
・この車両は、北西ヨーロッパ戦線でイギリス軍に捕獲されたものである。捕獲されたときの砲塔番号は［4101］であったが、長らく［4114］と書かれて展示されていた。このたびレストアが行なわれ、元の番号［4121］に戻された。

Ⅱ号戦車L型ルクス
Panzerkampfwagen Ⅱ Ausf. L (Luchs)

武装：2cm KwK 38 L/55×1、
　　　7.92mm MG34×1
乗員：4名
重量：13t
装甲：30～10mm
最高速度：60km/h

Panzerkampfwagen II Ausf. L (Luchs)

1 RAC戦車博物館に展示中のルクスは、アルデンヌの森のような設定のダイオラマ形式で展示されている。いかにも高速走行が可能ながらがっしりした車体に比べて砲塔が小さく、貧弱な武装であることがよくわかる **2** 車体右側のフェンダー付近。左側の前照灯と泥よけは失われている。右側面は不粋な樹木がじゃまであるが、転輪にも3色迷彩が施されている **3** 右側の起動輪と履帯。起動輪はかなり大きく、履帯巾も大きい **4** 右側後部。誘導輪と転輪。転輪は波形のプレス加工が施されている。泥よけは残っている。転輪奥のパイプはショックアブソーバーで、最前部と最後部の転輪に付けられた **5** 砲塔右側。ジェリ缶ラックとFuG.12無線機用アンテナポスト **6** 前面装甲板の両側は視察用クラッペだが、中央のものは金属板を曲げて加工したダミーである。上面中央の突起物は変速器やブレーキ冷却用の吸気口カバー。車体前部に予備履帯ラックが残っているのは珍しい

ソミュール戦車博物館
Saumur Musée des Blindés

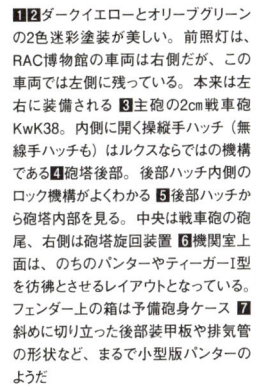

1 2 ダークイエローとオリーブグリーンの2色迷彩塗装が美しい。前照灯は、RAC博物館の車両は右側だが、この車両では左側に残っている。本来は左右に装備される **3** 主砲の2cm戦車砲KwK38。内側に開く操縦手ハッチ（無線手ハッチも）はルクスならではの機構である **4** 砲塔後部。後部ハッチ内側のロック機構がよくわかる **5** 後部ハッチから砲塔内部を見る。中央は戦車砲の砲尾、右側は砲塔旋回装置 **6** 機関室上面は、のちのパンターやティーガーI型を彷彿とさせるレイアウトとなっている。フェンダー上の箱は予備砲身ケース **7** 斜めに切り立った後部装甲板や排気管の形状など、まるで小型版パンターのようだ

#4

Marder II
7.5cm Pak40/2 auf Fahrgestell Panzerkampfwagen II (Sf)(Sd.Kfz. 131)
II号対戦車自走砲マーダーII

大戦初期のドイツ戦車隊を支えたII号戦車であったが、東部戦線では旧式化が明らかになり、対戦車砲に機動力を与えるために、7.5cmPak40を搭載した自走砲に改装された。1942年から1943年に576両が生産され、その後も75両が前線から引き上げられたII号戦車から改装されている

写真／笹川俊雄
Photo : Toshio SASAGAWA

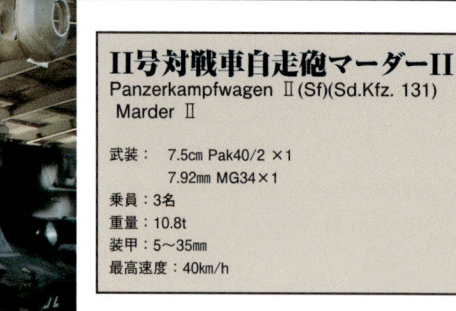

II号対戦車自走砲マーダーII
Panzerkampfwagen II(Sf)(Sd.Kfz. 131)
Marder II

武装： 7.5cm Pak40/2 ×1
　　　 7.92mm MG34×1
乗員：3名
重量：10.8t
装甲：5～35mm
最高速度：40km/h

クビンカ戦車博物館
MIBIT Reserch Collection, Kubinka, Russia

1 2 車体後部の砲弾ケースの右端に何かの基部があるが用途は不明である（アクスバル、パットン博物館（12～14ページに掲載）の車両にも装備されており、オートテック・ミュージアムの車両がアバディーン戦車博物館に展示中の時期には溶接跡が残っていた）。現存する4両は各部の特徴から後期仕様の車両と推定されるので、この基部は後期仕様の標準装備であったと思われる（以下写真解説／編集部）

アクスバル戦車博物館
Pansarmuseet Axvall, Sweden

3 4 保存状態が良好な車体内部。細部の詳細は小社刊『アハトゥンク・パンツァー 第7集』に掲載されている

■クビンカ戦車博物館
MIBIT Reserch Collection, Kubinka, Russia
II号戦車F型をベースに生産された車両である。前照灯はロシア製のものがつけられ、砲身固定具以外はすべて失われている。

■ジンスハイム自動車＋技術博物館
Auto+Technik Museum, Sinsheim, Germany
この博物館のマーダーIIは、なぜか砂漠のダイオラマ仕立てになっている。

■アクスバル戦車博物館
Pansarmuseet Axvall, Swedwn
側面装甲板に「214」という車両番号が記され状態もよいようだが、マズルブレーキは失われている（編注／車両全体の写真は小社刊『世界の軍事 戦車博物館』127頁に掲載）。

Marder II

ジンスハイム自動車＋技術博物館
Auto+Technik Museum, Sinsheim, Germany

5・10このマーダーIIは、以前はアバディーン戦車博物館に展示されていた車両。フェンダー左上の前照灯は純正のものではない。またフェンダー右上には本来ノテックライトはつかない
7車体後部は三分割された砲弾ケースになっている
8 9砲身と砲尾のトラベルクランプで走行中は砲を固定する10車体前面の三角形の牽引用ホルダーは戦後に米軍がとりつけたもの

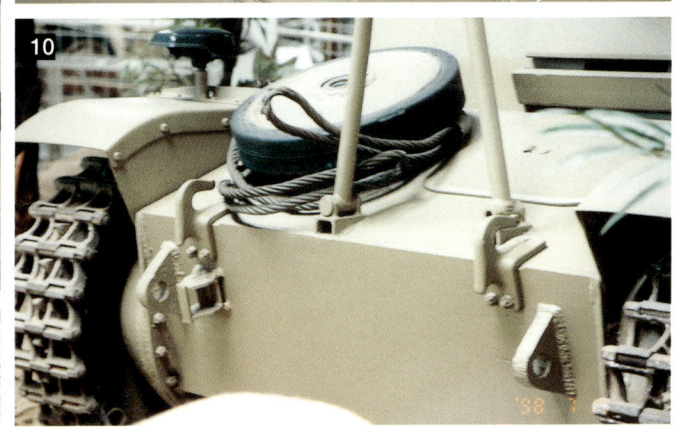

パットン博物館
Patton Museum Fortnox, USA

写真／ARTBOX
Photo : ARTBOX

アメリカ第3軍団によって捕獲された車両であるが、現在レストア中で著者が訪ねたときは展示されていなかった（編注／写真はそれ以前に撮影されたもの）。パットン博物館は新館建設中であり、そちらに展示される予定とのことだ。

1 これらの写真は著者が取材する以前の1983年に撮影されたもの。迷彩塗装はひどいが車体の状態は良好だ。壁際に展示されているので車両の右側面が見られないのが残念である **2** この車両には車体前部の予備履帯が残っている **3** 砲身固定具の状態もよい **4** 操縦手用側方クラッペ。各面の装甲板の組み合わせに注意。**5** 操縦手用前方クラッペ

Marder II

6 戦闘室を後方から見る 7 戦闘室左側の床板。博物館の見学者の乗降にもよるが、塗装の剥がれる箇所は決まってくる 8 車内側の砲固定具 9 車体後部。なぜかアフリカ軍団の椰子マークが…… 10 車体後部を左側から見る 11 前号の写真解説でもふれた、車体後部（砲弾ケース）左端の用途不明の基部 12 車体後部左側には二つの取っ手と手斧用の取りつけ金具がある 13 14 15 車体後部を戦闘室側から見る。三つに分割された砲弾ケースのうち画面左から二つ目は機関室整備のために後方へ起こすことができる

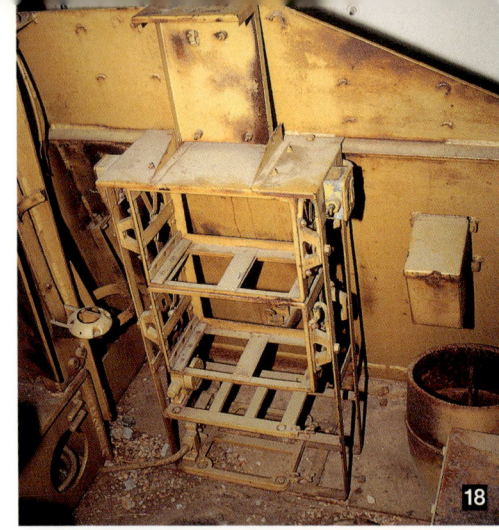

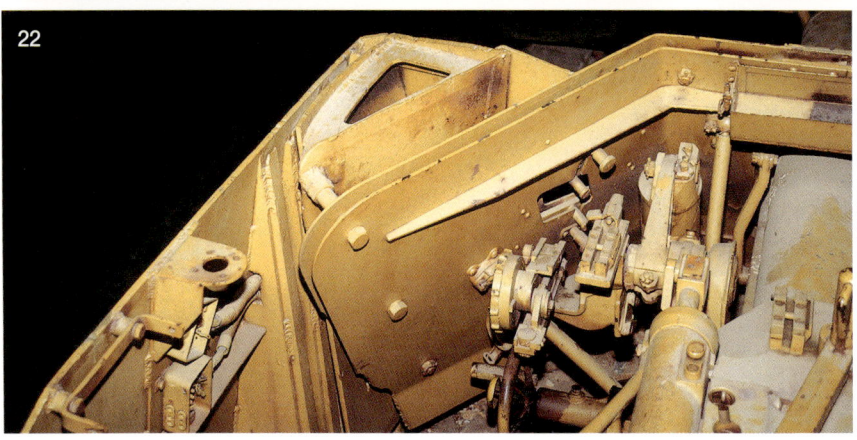

16 戦闘室右側。角にあるのはアンテナ基部。画面中央は対空機関銃架だが、銃の取りつけ部はMG42用になっている。またその後方にはコの字形の銃把用ホルダーも装備されているのがわかる
17 戦闘室右側面。穴のあいた箱は信号弾ケース。機関銃ラックが使用不能になってしまった不思議な配置だ。（各部の特徴がジンスハイムの車両と同じ）
18 無線機ラック
19 中央は消火器ラック。丸い穴の上の2本のパイプは予備アンテナ固定用
20 砲基部左側。穴から電線が出ているのに注意。左のラックはMP40機関短銃用
21 22 戦闘室左側面。装甲板上辺右にもアンテナ基部があることから、この車両は指揮車両だった可能性が高い

#5
Leichte Feldhaubitze 18/2 auf Fahrgestell Panzerkampfwagen Ⅱ (Sf) (Sd.Kfz. 124) Wespe

Ⅱ号自走軽野戦榴弾砲ヴェスペ

写真／笹川俊雄
Photo：Toshio SASAGAWA

ヴェスペは1942年から作られ、10.5cm榴弾砲を積んだ自走砲としてはいちばんの成功作であった。Ⅱ号戦車車台からエンジンを前方へ移し、戦闘室を広くとることで使いやすさを向上させた。生産数は676両で、砲を外した弾薬運搬車も159両作られた。現存するヴェスペは5両である。そのうち一般に公開されている車両はクビンカ、コブレンツとソミュールである

コブレンツ技術博物館
BWB Wehrtechnische Stubiensammlung Koblenz, Germany

Ⅱ号自走軽野戦榴弾砲ヴェスペ
Leichte Feldhaubitze 18/2 auf Fahrgestell Panzerkampfwagen Ⅱ (Sf) (Sd.Kfz. 124) Wespe

武装：10.5cm leFH18M L/28×1
　　　7.92mm MG34×1
乗員：5名
重量：11t
装甲：5～30mm
最高速度：40km/h

■コブレンツ技術博物館
BWB Wehrtechnische Stubiensammlung Koblenz, Germany

このヴェスペはジンスハイムのマーダーⅡ同様に、アメリカのアバディーン博物館から長期ローンで返還された車両である。アバディーンでの展示中はマズルブレーキなど外装品の多くは失われていたのだが、コブレンツの技術陣は初期型ヴェスペのレストアを完了させた。

■クビンカ博物館
NIBIT Research collection Kubinka, Russia

主砲のマズルブレーキ、車外装備品、内部の備品がなく、状態はあまりよくない。塗装もクビンカ博物館独特の迷彩が施されている。

１２ご覧のようにレストアを完了させ、ダークイエローに美しく塗装されている（編注／主砲や車体前面の牽引用ホールドなど、オリジナルの状態と異なっている部分がある）

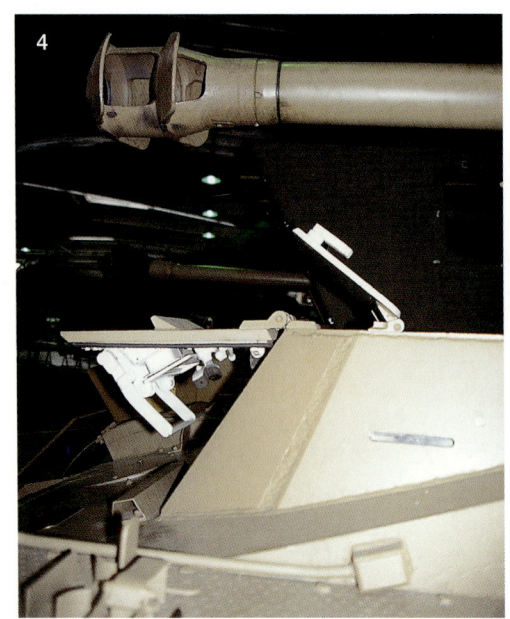

3 車体前面やや右側から見る
4 操縦室左側とマズルブレーキ
5 珍しくオリジナルの状態を保つ前照灯と操縦室前面クラッペ。操縦室内側がよくわかる
6 主砲の28口径18式M型10.5cm軽野戦榴弾砲（編注／駐退複座器と揺架の先端が円錐形になっているが、オリジナルのヴェスペでは円筒形。また、マズルブレーキの形状もオリジナルではエラがないものが使用された）
7 10.5cm軽野戦榴弾砲の砲尾。いまでも撃てそうなほど状態は良好だ
8 車体内部左側装甲板。無線機ラックの形状がわかる

Leichte Feldhaubitze 18/2 auf Fahrgestell Panzerkampfwagen II (Sf) (Sd.Kfz. 124) Wespe

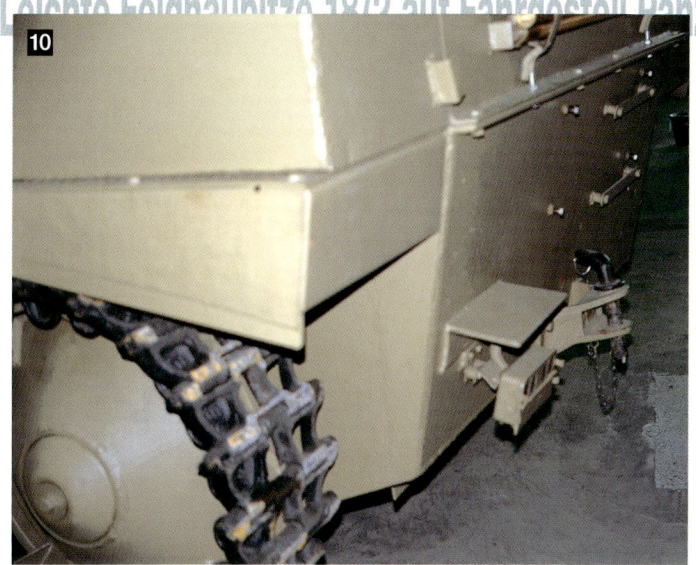

クビンカ戦車博物館
NIBIT Research collection Kubinka, Russia

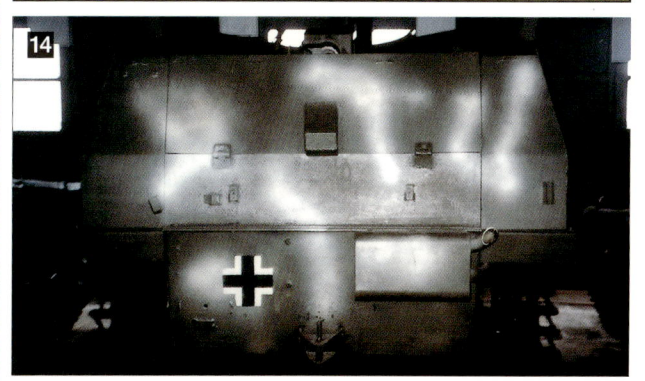

9 車体後部
10 車体後部牽引フックと乗降用ステップ
11 車体左側起動輪と転輪（編注／幅を増して強化した板バネ式サスペンション下に、渦巻き式強化型ダンパーが増設されている）
12 誘導輪とショックアブソーバー
13 クビンカのヴェスペ（写真／大久保大治氏）
14 クビンカ独特の迷彩がよくわかる。内部は砲以外になにもない

前面に鉄十字が二ヶ所つくというおかしなマーキングである。前照灯は例のごとくロシア製である（編注／砲固定具で主砲が固定されているのがわかる）

ソミュール戦車博物館
Saumur Musee des Blindes, France

ソミュールのヴェスペはマズルブレーキも本来の形式を有する後期型である。レストアが完了してから年月を経ているのでやや錆が出ているが、状態は非常によい。

バイユー記念館
Bayeux Memorial Museum Normandy, France

私がバイユーを訪ねたときはレストア中とのことであった。記念館は2006年末にリニューアルオープンするとのことで改装中である。(※写真なし)

ベッカー・コレクション
Becker Private collection, France

ノルマンディー戦跡には小規模な私設博物館が点在するが、そのうちの一つにある。状態は非常に悪く、主砲のほか失われている部品が多い。(※写真なし)

１ソミュールのヴェスペはダークイエローにダークグリーン迷彩で再塗装されている。砲は通常の10.5cmleFH18/2であり、マズルブレーキも平坦な後期量産型である
２車体左側面。左フェンダー上には何もない

Leichte Feldhaubitze 18/2 auf Fahrgestell Panzerkampfwagen II (Sf) (Sd.Kfz. 124) Wespe

3 車体前部正面。前部クラッペと操縦手用ハッチが開いている
4 操縦室右側面。画面奥に砲固定具が見える
5 車体右側面。右フェンダー上にも何もない
6 車体右後部誘導輪と転輪。サスペンションまでしっかり修復されている
7 車体後部。乗降用扉が開いている
8 マフラーを右側から見る

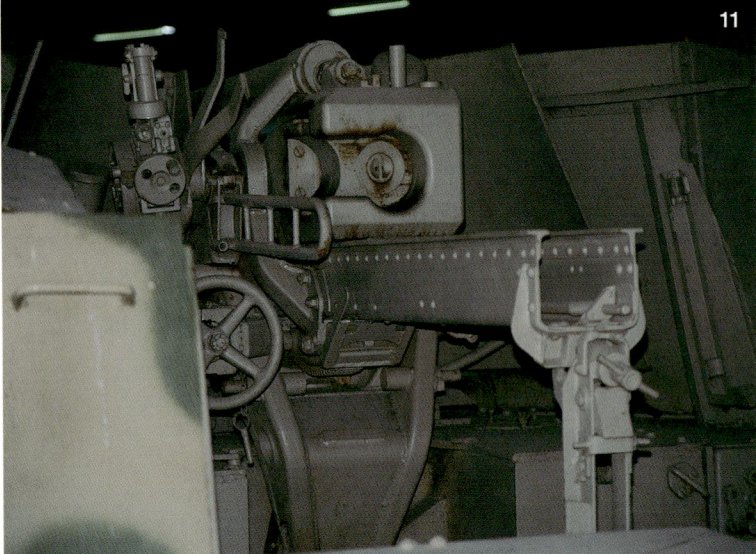

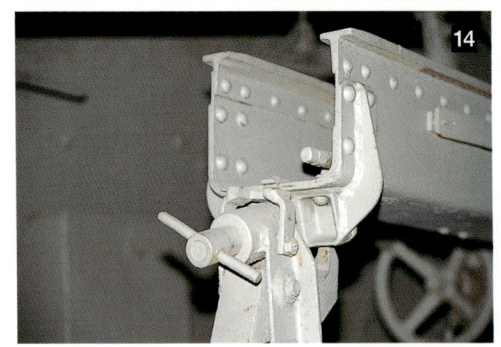

9 主砲を右側から見る。P61の写真6と形状が一部異なるが、こちらが本来の姿である
10 砲固定具を左側より見る
11 後方から見た10.5cm軽榴弾砲
12 砲右側の俯仰角調整用ハンドル
13 車体内部には弾薬ケースと各種ラックが残っている
14 車内にある砲固定具
15 車体前部予備履帯支持架と履帯

Panzerkampfwagen III Ausf. F-M
Ⅲ号戦車E／F／J／L／M型

写真／笹川俊雄
Photo : Toshio SASAGAWA

1935年、15tクラス、3.7cm砲搭載のドイツ軍主力戦車としてMAN、ベンツ、クルップ、ラインメタル社に発注、競作され、A～D型が作られる。'39年より量産型のE型からN型まで合計5300両が生産された。火力不足から、のちにその車台はⅢ号突撃砲車台として使われたため、主力戦車としては意外に現存数は少なく、15両を数えるのみである。うちN型は大戦末期まで生産改修されたため5両現存するがG、H型は残っていない

Ⅲ号戦車F型
Panzerkampfwagen Ⅲ Ausf. F

武装：3.7cm KwK L/46.5×1
　　　7.92mm MG34×2
乗員：5名
重量：19.8t
装甲：10～30mm
最高速度：40km/h

ソミュール戦車博物館
Saumur Musee des Blindes

■1 この車両は主砲が42口径5cm戦車砲に換装され、戦闘室前面と車体下部に増加装甲を施された改修型　■2 履帯は40cm幅のもので起動輪も後期タイプが使われている

■Ⅲ号戦車E型
ドイツのモートーアテヒニーク博物館（Motor Technik Museum, Bad Oeynhausen, Germany）に最初の量産型E号E型（'39～'40年に100両生産）が唯一現存。サンクトペテルブルグ近郊の河底より発見され、現在この博物館でレストア中とのこと。

■Ⅲ号戦車F型
F型はフランスのソミュール戦車博物館とアメリカのパットン戦車博物館に展示中である。パットン戦車博物館は館内と屋外に2両のⅢ号戦車F型を保有している。館内に展示されている車両の砲塔はJ型のものになっている。この車両は第116戦車師団の所属車両で、1944年にノルマンディ戦線で連合軍に捕獲されたもの。

■Ⅲ号戦車J型
'41年より生産されたJ型は、最大装甲50mmと強化され、H型より履帯もワイドタイプを使用したため重量が2t増加している。J型はアメリカ・アバディーンの陸軍兵器博物館と、ロシアのクビンカ戦車博物館に1両ずつ現存している。クビンカのJ型には発煙筒はなく、ごく標準的なタイプである。

■Ⅲ号戦車L型
'41年～'42年途中まで作られたL型は、武装を5cm KwK 39 L/60とし、装甲もさらに20mmの増加装甲を施した。そのため車体重量は22・3tに増加しているアバディーンの陸軍兵器博物館とイギリス・ボービントンのRAC戦車博物館に1両ずつ展示中。RAC博物館のL型は、英軍がドイツ軍第15戦車師団と戦った際に捕獲した車両である。

■Ⅲ号戦車M型
現在、残存するM型のうち1両はドイツ・ムンスター戦車博物館にある標準のM型、もう1両はコブレンツ国防技術博物館に残るM型改修の火焔放射型である。

III号戦車F型
Panzerkampfwagen III Ausf. F

パットン戦車博物館
Patton Museum of Cavalry and Armor, USA

3 パットン戦車博物館の玄関にはフンメル、パンターと共に展示されている。このⅢ号F型もソミュールの車両と同様の改修型。ただし起動輪は初期型である。展示状態は悪く、履帯と下部転輪が失われている **4 5** 履帯がはずれているので誘導輪基部のディテールがよくわかる

6 パットン戦車博物館の屋内展示のF型は、長砲身の60口径5㎝戦車砲を搭載し、シュルツェンつきの砲塔という特別仕様となっている **7** 戦闘室前面の増加装甲板は、ソミュールと、パットンの屋外展示車両のように間隔をあけず、前面装甲板に直接装着してある。車体前部の予備履帯止めも追加装備されている **8** 車体左側面の脱出用ハッチ **9** 車体後部の車間表示灯と泥よけは原型を保っている

Ⅲ号戦車J型
Panzerkampfwagen Ⅲ Ausf. J

アメリカ陸軍兵器博物館
U.S.ARMY Ordnance Museum, USA

武装：5cm KwK L/42×1
　　　7.92mm MG34×2
乗員：5名
重量：21.5t
装甲：10～50mm
最高速度：40km/h

⑩このJ型は、防盾右側の視察用クラッペがないL型の砲塔を搭載している。砲塔側面には発煙弾発射器が残されているが、主砲はダミーである
⑪車体後方。起動輪をはじめ足周りは後期型ホイールを使用している

Ⅲ号戦車L型
Panzerkampfwagen Ⅲ Ausf. L

武装：5cm KwK39 L/60×1
　　　7.92mm MG34×2
乗員：5名
重量：22.7t
装甲：10～57mm
最高速度：40km/h

⑫砲塔防盾前面と戦闘室前面にスペースドアーマー（間隔式増加装甲板）を装着したL型。この車両は砲塔左側面の装甲板が切り取られて、内部が見られるようになっている

アメリカ陸軍兵器博物館
U.S.ARMY Ordnance Museum, USA

Ⅲ号戦車M型
Panzerkampfwagen Ⅲ Ausf. M

武装：5cm KwK39 L/60×1
　　　7.92mm MG34×2
乗員：5名
重量：22.7t
装甲：10～57mm
最高速度：40km/h

コブレンツ国防技術博物館
The Collection of Military Equipment of the Federal Office of Military Technology and Procurement

⑭1943年にM型から100両の火焔放射（Flam）戦車が改修された ⑮太い火焔放射用砲身が印象的である。砲身先端にある火焔放射口に注意。⑯砲塔後面の雑具箱が失われている。車体後部には貨物搭載用（？）のラックが追加されている

ムンスター戦車博物館
Panzermuseum Munster, Germany

⑬このM型はチュニジア戦線でイギリス軍に捕獲された車両であり、砲塔ナンバーは860であった。サンドカラーのDAK仕様に塗装されている

Panzerkampfwagen Ⅲ Ausf. N
Ⅲ号戦車N型

写真／笹川俊雄
Photo : Toshio SASAGAWA

1942年末より、おもにティーガー重戦車大隊のサポートとして、火力の点で旧式化したⅢ号戦車に7.5cm/L24戦車砲（Ⅳ号戦車初期型の主砲）を搭載したN型が生産された。主砲のみならず、車長用司令塔もⅣ号G型のものを用い、砲塔周りに8mm、車体側面に5mmの増加装甲板（シュルツェン）を装備して防御力を強化している。N型は660両作られたが、現存しているのは5両である。なおK型などの指揮戦車、観測戦車は現存していない

アメリカ陸軍兵器博物館
U.S. ARMY Ordnance Museum, Abardeen Prouing Grownd, USA

■RAC戦車博物館と同じくL型からの改修型である。この車両は戦後に米軍が接収してここへ運んだもの。砲塔シュルツェン（増加装甲）が残っているのが珍しい。

Ⅲ号戦車N型
Panzerkampfwagen Ⅲ Ausf. N

武装：7.5cm KwK37 L/24×1
　　　7.92cm MG34×2
乗員：5名
重量：23t
装甲：10〜57mm
最高速度：40km/h

RAC戦車博物館
RAC Tank Museum, Dorset, UK

■このⅢ号N型は、第501重戦車大隊のティーガーIに随伴していた車両であり、'43年にチュニジア戦線で英軍に捕獲されたもの。捕獲された当時の砲塔ナンバー［832］と、第501重戦車大隊のマーキングが戦闘室前面装甲板左上に施されている。この車両はL型から改修されたN型である。'69年まで陸軍大学の教材であったが、その後、ボービントンのRAC戦車博物館へ移された。履帯は捕獲された当時から失われている。左側面の装甲板は切り取られ、内部に入れるようにしてある。車長用司令塔ハッチは、二分割式の初期仕様。砲塔上のジェリ缶はアフリカ戦線車両ならではの装備だ。

ノルウェー軍事博物館
Military Museum, Oslo, Norway
■ノルウェーに進駐したドイツ軍戦車部隊の1両がここに残っている（写真なし）。

デンマーク軍事博物館
Tojhus Museet, Copenhagen, Denmark
■L型ベースのN型が展示されている（写真なし）。

Panzerkampfwagen Ⅲ Ausf.N

ジンスハイム自動車＋技術博物館
Auto + Technik Museum, Sinsheim, Germany

ノルウェーのラックで発見された車両。状態は非常に悪かったが、部品をあちこちから集めて修理し、どうにか見られるコンディションに復元した。かなりレストアに苦労した跡が見られる車両である。
❶以前は左側履帯がなかったが、現在は両側および車体前面下部にも装備された ❷戦闘室前面の増加装甲板は失われている。右フェンダー上の夜間管制灯（ノーテック製）はまちがい。フェンダーと前部泥よけは複製品。左側履帯の向きが逆である。❸砲塔後部の雑具箱および機関室ハッチの吸気口カバーが失われているのでのっぺりした感がある ❹主砲は木製。砲塔用シュルツェン支持架の基部がわかる。Ⅳ号G型と同一の車長用指令塔。ハッチは1枚になった後期仕様。発煙弾発射機はまったく別のものがついている ❺後部より足周りを見る。砲塔右側面ハッチは鉄板でふさがれている。後部泥よけもオリジナルではない ❻起動輪、転輪とサスペンションアーム

Gepanzerter Selbstfahrlafette für Sturmgeschütz 7.5cm Kanone Ausf. C/D (Sd.Kfz.142)

III号突撃砲C/D型

写真/富岡吉勝
Photo : Yoshikatsu TOMIOKA

III号突撃砲は、歩兵支援用に24口径7.5cm砲をIII号戦車の車台に搭載した重装甲の自走砲として開発された。大戦中盤以降は、長砲身7.5cm砲を搭載して対戦車自走砲的に運用されるようになった。各形式合わせてドイツ軍戦闘車両では最多の1万両以上が生産されたが、初期の短砲身型は3両が現存しているのみである

アクスバル戦車博物館
Pansarmuseet Axvall, Sweden

III号突撃砲C/D型
Gepanzerter Selbstfahrlafette für Sturmgeschütz
7.5cm Kanone Ausf. C/D (Sd.Kfz.142)

武装：10.5cm Stuk37 L/24×1
　　　7.92mm MG34×1
乗員：4名
重量：20.2t
装甲：11～50mm
最高速度：40km/h

■アクスバル戦車博物館
Pansarmuseet Axvall, Sweden
屋内に保存された唯一のD型で、一部ツィンメリットコーティングが施されていることから、かなり後期まで使用された車両と思われる。（詳細は小社刊『アハトゥンク・パンツァー第5集 III号突撃砲・IV号突撃砲・33式突撃歩兵砲編』に掲載されている）

■フォロコラミスク記念公園
War Memorial, Volokolamsk, Russia
モスクワ近郊にモニュメントとして大理石上に固定されている。（※写真なし、詳細不明）

1 III号突撃砲D型を正面から見る。車載装備品関係はほとんどついていない。手前に置かれているのはマイバッハHL 120TRMエンジン

2 A/B型と比べ形状が変更された戦闘室前部と照準器用ハッチが確認できる。装備品は固定金具ごと取り外されているが、フェンダー自体はオリジナルのもの

Gepanzerter Selbstfahrlafette für Sturmgeshütz 7.5cm Kanone Ausf. C/D (Sd.Kfz.142)

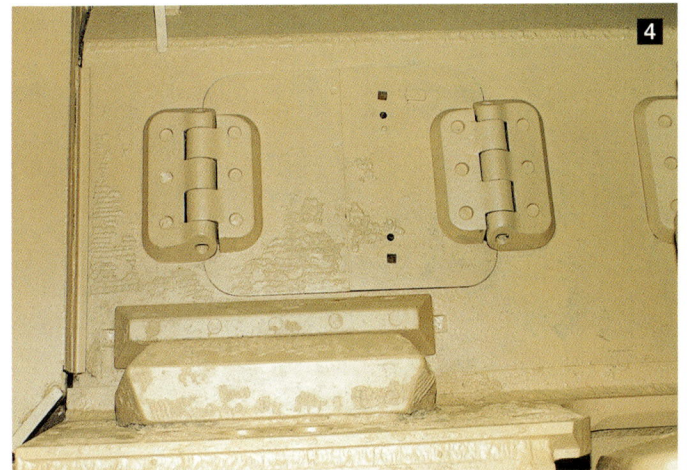

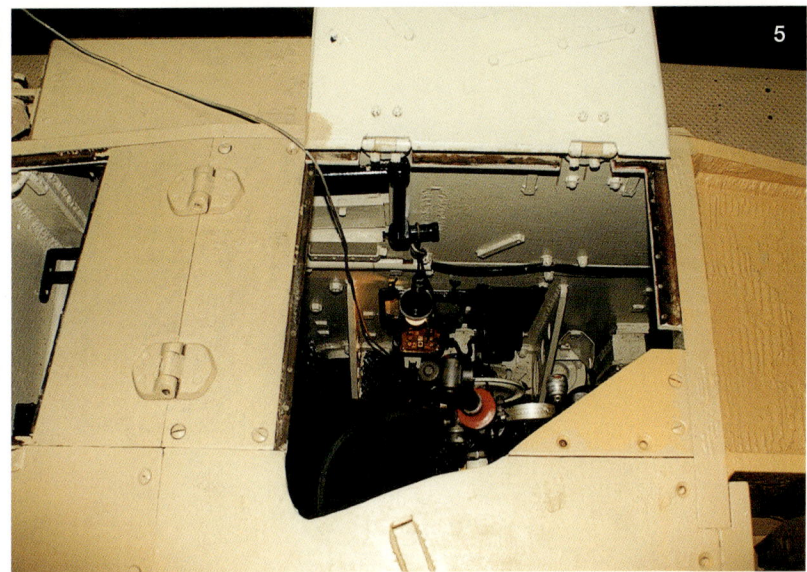

3 操縦手用前部視察クラッペ周辺。ツィンメリットコーティングの跡が確認できる
4 前部点検ハッチ。鍵穴はC型以降の車両に見られるもの。戦闘室前面装甲板の断面が斜めに削られて上面板と組み合わさっているのがわかる
5 照準器用ハッチを上から見る。パノラマ式望遠照準器Rblf32が確認できる。
6 Rblf32照準器の装着部
7 誘導輪の基部はB型と比べ、履帯張度調整ボルトの形状が違う新型のものになっている

Gepanzerter Selbstfahrlafette für Sturmgeshütz 7.5cm Sturmkanone 40 Ausf. F (Sd.Kfz.142/1)

Ⅲ号突撃砲F型

写真／笹川俊雄
Photo : Toshio SASAGAWA

Ⅲ号突撃砲の対戦車戦闘力を高めるために、E型（短砲身7.5cm砲搭載）の戦闘室に43口径7.5cm砲を搭載したのがⅢ号突撃砲F型で、1942年3月から359両が生産された。現在ブリュッセルに残る車体が、世界で唯一のⅢ号突撃砲F型である

ブリュッセル戦車博物館
Brussel Tank Museum, Brussel, Belgium

Ⅲ号突撃砲F型
Gepanzerter Selbstfahrlafette für Sturmgeshütz 7.5cm Sturmkanone 40 Ausf. F (Sd.Kfz.142/1)

武装：7.5cm Stuk40 L/43×1
　　　7.92mm MG34×1
乗員：4名
重量：21.6t
装甲：17〜50mm
最高速度：40km/h

● Ⅲ号突撃砲F型
ロシアに侵攻した独軍の前に立ちはだかった強敵KV-1、T-34などに対抗して長砲身7.5㎝対戦車砲を備えたF型およびF/8型が開発された。

■ブリュッセル戦車博物館
Brussel Tank Museum, Brussel, Belgium
以前この車両は、10.5㎝砲搭載のF/8型と言われていたが、現在では唯一残るF型であり、砲は鹵獲したイギリス軍により90mm砲に換装されたものと訂正されている。（2004年時には展示されていなかった）

1 屋外に展示されているⅢ号突撃砲F型。天井にはMGシールドが外して載せられているのであろうか？ 車体装備品関係もほとんど確認できない
2 F型、F/8型の特徴である戦闘室天面のガス排出用のベンチレーターが確認できる

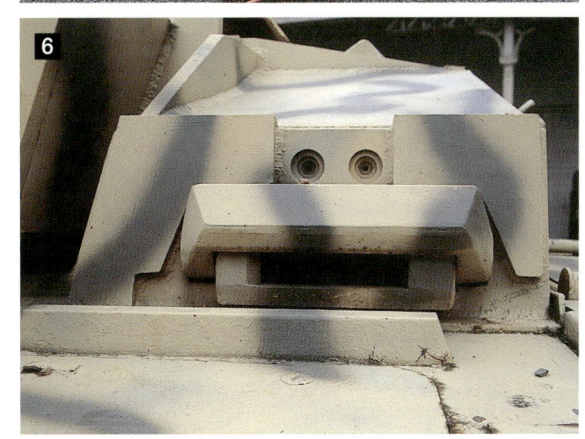

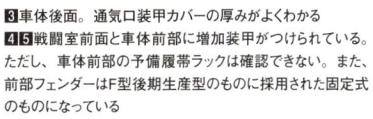

Gepanzerter Selbstfahrlafette für Sturmgeschütz 7.5cm Sturmkanone 40 Ausf.F (Sd.Kfz.142/1)

3 車体後面。通気口装甲カバーの厚みがよくわかる
4 5 戦闘室前面と車体前部に増加装甲がつけられている。ただし、車体前部の予備履帯ラックは確認できない。また、前部フェンダーはF型後期生産型のものに採用された固定式のものになっている
6 操縦手用前部視察クラッペ部のアップ
7 長砲身用の溶接式防盾基部を真上から見る
8 戦闘室前部を横から見る。増加装甲板が溶接留めされているのがはっきりと確認できる
9 戦闘室右側面にあるアンテナ基部のアップ。F型後期のものに見られる固定式のもの
10 車体左側の誘導輪基部と履帯

#10

7.5cm Sturmgeshütz 40 Ausf. G (Sd.Kfz.142/1)
Ⅲ号突撃砲G型

写真／笹川俊雄、大久保大治
Photo：Toshio SASAGAWA, Daiji OHKUBO

F型と同形式の戦闘室をⅢ号戦車J/L型の車台に載せたのがⅢ号突撃砲F8型で334両が生産された。現存するF/8型は3両。続くG型は戦闘室形状をリファイン、48口径7.5cm砲を搭載したⅢ号突撃砲の決定版で、1942年12月から終戦時まで8,000両余りが生産された。G型は現在でも多数が世界中の戦車博物館などで見られる

コブレンツ国防技術博物館
BWB Whehrtechnische Studiensammlung, Koblenz, Germany

Ⅲ号突撃砲G型
7.5cm Sturmgeshütz 40 Ausf. G (Sd.Kfz.142/1)

武装：7.5cm Stuk40 L/48×1
　　　7.92mm MG34×2
乗員：4名
重量：23.9t
装甲：17〜80mm
最高速度：40km/h

■クビンカ戦車博物館
前期型、後期型各1両ずつを所有している。前期型については『アハトウンク・パンツァー第5集 Ⅲ号突撃砲・Ⅳ号突撃砲・33式突撃歩兵砲編』(小社刊)の32〜33ページにディテール写真が掲載されている。
NIBIT Reseach Collection, Kubinka, Russia

■コブレンツ国防技術博物館
G型後期型を所有している。
BWB Whehrtechnische Studiensammlung, Koblenz, Germany

●Ⅲ号突撃砲F／8型
F／8型は現在3両のみが残存している。

●Ⅲ号突撃砲G型
Ⅲ号突撃砲のもっとも完成された型式で、最大の生産数7802両を誇る。溶接式の防盾の前期型とザウコプフ(鋳造)型防盾の後期型がある。前期・後期型をあわせて個人所有も含め、30両以上が残存している。

■ベオグラード軍事博物館
残念ながら内戦の影響で、現在でも現地に博物館があるかどうかも含めて詳細は不明である。(※写真なし)
Military Museum, Beograde

１写真ではわかりづらいがマズルブレーキは標準的な複孔式のもの。防盾はザウコプフ型(鋳造型)防盾がつけられている
２簡易タイプの牽引用ホールドが確認できる。また、前部フェンダーも生産性を考慮した固定式のタイプになっている

7.5cm Sturmgeshütz 40 Ausf. G (Sd.Kfz.142/1)

❸車両を後部から見る。F/8型から機関室上に移設された予備転輪、さらに形状が変更されたエンジン始動用クランク差し込み口カバーが見える。ツィンメリットコーティングはワッフルパターンが再現されているが、車体後部と戦闘室後部ではパターンの大きさが違っているのが確認できる
❹車体上面から車内をのぞく。7.5cm Stuk40の照準器台座が見える
❺固定式となったアンテナ基部
❻右側後部のマッドフラップはG型の生産途中から写真のような固定式となった
❼車体後端には用途不明の金具がいくつか確認できる

クビンカ戦車博物館
NIBIT Reseach Collection, Kubinka, Russia

■F/8型は1942年9月から12月までに250両が生産された。写真の車両は前部点検ハッチがⅢ号戦車M型と同じタイプのもので、増加装甲板が溶接留めされていることから、初期に生産された車体であることがわかる

写真／笹川俊雄
Photo: Toshio SASAGAWA

ベッカー・コレクション
collection

■写真はイギリス・ケント州ベルトリングで毎年開催されている『ウォー&ピースショー』でデモ走行したときに撮影したもの

スペイン陸軍
アコラザダス戦車博物館
Artillery Academy, Segovia, Spain

■1943年にドイツから買った車両のうちの1両である。細かいパーツは紛失しているが、当時の姿をよくとどめている

■ベッカー・コレクション
個人所有のⅢ号突撃砲G型の前期型。

■スペイン陸軍アコラザダス戦車博物館
Artillery Academy, Segovia, Spain
スペインは20両のⅣ号戦車と10両のⅢ号突撃砲G型前期型を所有していた。1956年に4両のⅢ号突撃砲を残し、6両をシリアに売却している。この博物館に3両とスペイン陸軍レストアセンターに1両展示している。

■イスラエル陸軍学校
Israel Army School, Latun, Israel
1967年、シリアとの六日間戦争で、捕獲したⅢ号突撃砲G型前期型である以外詳細は知られていない。ゴム転輪を有する前期型である以外詳細は知られていない。(※写真なし)

■イタリア戦争博物館
War Museum Collection, Trieste, Italy
(※写真なし)

■ポーランド軍事博物館
Military Museum, Warsaw, Poland
戦闘室とⅢ号戦車車台が別個に展示されている。内部が見られるが、破壊された車両のパーツのためか、部品の欠損が激しい。

■スイス戦車博物館
Panzermuseum, Thun, Switzerland
角形防楯の最後期型であり、防楯に同軸機銃を備えている。

■RAC戦車博物館
RAC Tank Museum, U.K.
1990年、フィンランドのパローラ戦車博物館へサラディン装甲車とハンバー・ピッグAPCを寄贈し、交換としてT-26軽戦車とともにⅢ号突撃砲フィンランド軍仕様「PS.531-45」が入館した。この車両は後期型である。1943年にイタリア戦線に投入されたF8型を参考にした迷彩が施されている。

7.5cm Sturmgeshütz

ポーランド軍事博物館
Military Museum, Warsaw, Poland

■Ⅲ号突撃砲の戦闘室と、Ⅲ号戦車車台および5cm戦車砲が別々に展示されている。部品の欠損は激しいが、内部レイアウトがわかる

スイス戦車博物館
Panzermuseum, Thun, Switzerland

1 防楯左上部に機銃口が開孔している
2 この車両には主砲のトラベリングクランプが取りつけられている。チェーンを引っ張るスプリングは失われている

RAC戦車博物館
RAC Tank Museum, UK

■この車両には戦闘室前面の操縦手バイザーカバー、テールライトのカバーなど、フィンランド軍の装備品がそのまま残っている

写真／笹川俊雄、大久保大治
Photo : Toshio SASAGAWA, Daiji OHKUBO

アメリカ陸軍兵器博物館
U.S.ARMY Ordnance Museum, Abardeen, U.S.A.

■戦闘室前面右側に取りつけ金具のようなものが見えるが、用途は不明。

パロラ戦車博物館
Panssarimuseo, Parola, Finland

■アメリカ陸軍兵器博物館
U.S.ARMY Ordnance Museum, Abardeen, U.S.A.

2両のⅢ号突撃砲G型を所有している。1両は7.5cm突撃砲を搭載したタイプで、もう1両は後の記事で紹介する10.5cm突撃榴弾砲を搭載したタイプである。
7.5cm突撃砲型のこの車両は角形防盾のついた前期型であり、ゴム製転輪を有し、スモークディスチャージャーを備えている。装備品などは一切なく状態はあまりよくない。

■パロラ戦車博物館
Panssarimuseo, Parola, Finland

ドイツによりフィンランドに供与されたⅢ号突撃砲は40両に上り（小社刊『フィンランドのドイツ戦車隊』に詳細が掲載されている）、戦後も残ったⅢ号突撃砲はフィンランド軍で使用された。フィンランドはRAC戦車博物館、ムンスター戦車博物館とオートテック・ミュージアムに各1両ずつゆずり、残る4両が展示されている。前期型が3両、そのうちの1両は車台のみのカットモデル展示であり、後期型も1両展示されている。

■オタワ戦争博物館
War Museum, Ottawa, Canada
Vimy house内に所蔵、前・後期型かどうかも不明。（※写真なし）

■パルチザン博物館
Partisan Museum, Banka Bystrica, Slovak Repablic
G型前期型らしいが詳細は不明。（※写真なし）

■ブルガリア軍事博物館
Military Museum, Sofia, Bulgaria
前・後期型を各1両ずつ所有している。（※写真なし）

34

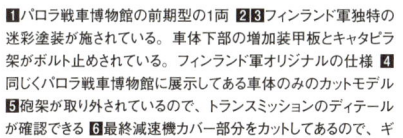

7.5cm Sturmgeschütz 40 Ausf.G (Sd.Kfz.142/1)

1 パロラ戦車博物館の前期型の1両 2 3 フィンランド軍独特の迷彩塗装が施されている。車体下部の増加装甲板とキャタピラ架がボルト止めされている。フィンランド軍オリジナルの仕様 4 同じくパロラ戦車博物館に展示してある車体のみのカットモデル 5 砲架が取り外されているので、トランスミッションのディテールが確認できる 6 最終減速機カバー部分をカットしてあるので、ギア部分の様子が確認できる 7 8 同じくパロラ戦車博物館に展示されている後期型の車両。全鋼製上部支持転輪は穴あきリブなしの後期型。ハブカバーなしの起動輪、ザウコップ型防盾、ツィンメリットコーティングとあわせて、中～後期型の標準的な仕様の車体

ソミュール戦車博物館
Saumur Armour Museum, France

■ソミュール戦車博物館
Saumur Armour Museum, France

7.5cm突撃砲を搭載したG後期型と、10.5cm突撃榴弾砲を搭載した車両の2両を展示している。さらにレストア工場内には3門の砲と1両の車台があり、いずれも7.5cm突撃砲搭載型の前期型が展示されるものと思われる。

■ムンスター戦車博物館
Panzermuseum, Munster, Germany

1945年春、米軍に鹵獲されアバディーンに展示後、'79年にパットン・ミュージアムに移されていたが、'83年ムンスターに寄贈された。'87年にはレストアされ走行可能となったドイツ戦車の第1号として、車体番号101が描かれた。ほかにもパロラから譲られた前期型フィンランド軍仕様が展示されている。

■パットン博物館
Patton Museum of Cavalry and Armor, U.S.A.

オリジナル迷彩のままのG型後期型である。かなり変色しているとはいえ、ドイツ軍のオリジナル色がよくわかる。

■オートテックミュージアム
Auto und Technik Museum, Sinsheim, Germany

フィンランドから譲られたG型後期型。レストア状態は非常に良好であり、工具類までしっかりしている。同博物館にはF型10.5cm突撃榴弾砲型も所有している。

●ほかにもドイツ国内にはメッペン技術試験場（アハトゥンク・パンツァー第5集、P.55、小社刊）にG型中期型、ドレスデン博物館にG型指揮型フィンランド軍仕様（同P.70～72に掲載）がある。

■ 7.5cm突撃砲を搭載したG後期型。ザウコプフ防盾側面に製造管理番号が鋳込まれているのが確認できる ■ レストア工場内にてレストア作業を待つ3門の砲塔部分と1両の車台。一見無造作におかれているのでスクラップヤードと勘違いしてしまいそう。しかしむき出しになっているおかげで、砲尾のディテールがよく確認できるのはうれしいところ

写真／笹川俊雄
Photo : Toshio SASAGAWA

7.5cm Sturmgeschütz 40 Ausf.G (Sd.Kfz.142/1)

パットン博物館
Patton Museum of Cavalry and Armor, U.S.A.

ムンスター戦車博物館
Panzermuseum, Munster, Germany

3 レストアされて走行可能となったドイツ戦車の第1号。全鋼製上部支持転輪はリブ無しで、穴が開いたのみの簡略型を装着している 4 こちらはパロラから譲りうけた前期型フィンランド軍仕様

5 パットン博物館に展示されているオリジナル迷彩のままのG型(後期型) 6 前部点検ハッチ内部のディテールがちらりと確認できる

オート・テック・ミュージアム
Auto und Technik Museum, Sinsheim, Germany

7 フィンランドから譲られたG型後期型。この車両はレストアされた状態もかなり良好である 8 この手の車両には珍しくOVMの類いもしっかりと再現されているのは、ポイントが高い 9 こちらの上部支持転輪はゴムタイヤつきのものを装着している。ゴムタイヤつきの転輪も1944年9月まで引き続き生産されている

#11
10.5cm Sturmhaubitze 42 (Sd.Kfz.142/2)
Ⅲ号突撃砲G型（42式10.5cm突撃榴弾砲搭載型）

写真／笹川俊雄、大久保大治
Photo : Toshio SASAGAWA, Daiji OHKUBO

突撃砲が長砲身7.5cm砲を搭載して対戦車自走砲化したため、より大口径の10.5cm榴弾砲を搭載した歩兵支援用の突撃榴弾砲が作られた。生産数は1,200両余り。あわせて、突撃榴弾砲の生産以前に24両のみが生産された33B式突撃歩兵砲もここで紹介する

Ⅲ号突撃砲G型（42式10.5cm突撃榴弾砲搭載型） 10.5cm Sturmhaubitze 42 (Sd.Kfz.142/2)	武装：10.5cm StuH 42L/28.3×1　7.92mmMG34×1 重量：23.9t 乗員：4名 装甲：11〜80mm

オートテックミュージアム
Auto und Technik Museum, Sinsheim, Germany

■オートテックミュージアム
Auto und Technik Museum, Sinsheim, Germany

わずか1両のみ残る貴重なF型車台の10・5cm榴弾砲搭載型が展示されている。しかし、装備品関係などはオリジナルでないパーツも見受けられる。

■戦闘室に修復跡のようなものがうかがえる。ゴムタイヤ付きのものも見受けられ、上部支持転輪が装着されており、かなり苦労してレストアした様子がうかがえる。足周りはオリジナルのようだ。

●Ⅲ号突撃砲10・5cm突撃榴弾砲搭載型
7・5cm砲では歩兵支援のための火力不足が指摘され、F、G型車台に10・5cm榴弾砲を搭載したⅢ号突撃榴弾砲が約1,200両生産された。現存する10・5cm砲搭載型はF型ベースが1両、G型ベースが4両である。

■アメリカ陸軍兵器博物館
U.S. Army Ordnance Museum, Aberdeen Proving ground, Maryland, U.S.A.
ノルマンディ戦で米軍に捕獲されたG初期型10・5cm榴弾砲搭載型。マズルブレーキなどが失われている。

■ソミュール戦車博物館
Saumur Armour Museum, France
全鋼製上部支持転輪を持つ後期型。シュルツェン支持架および後部荷物積載フレームが取り付けられている。

■パットン博物館
Patton Museum of Cavalry and Armor, U.S.A.
同軸機銃砲塔を持つ唯一の後期型であるが、倉庫内に収納されており、一般展示はされていない。（※写真なし）

■クビンカ戦車博物館
NIBIT Reseach Collection, Kubinka, Russia
さらに装甲を強化するために30㎜の増加装甲を車体前面にボルト留めしている。同博物館にはこのほかに24両しか作られなかった15㎝歩兵砲（sIG33）を搭載した突撃歩兵砲1両が展示されている。この車両はのちに、Ⅳ号車台に同砲を搭載したブルムベアの先駆けとなった。

10.5cm Sturmhaubitze 42 (Sd.Kfz.142/2)

ソミュール戦車博物館
Saumur Armour Museum, France

■この車両はシャシー番号から1944年6月に製造されたと判明している。マズルブレーキはエラのない円筒形のものが装着されており、45度回ってしまっている

クビンカ戦車博物館
NIBIT Reseach Collection, Kubinka, Russia

■多くの車両と同様、屋外に展示されている。マズルブレーキはない。防盾に同軸機銃口が開いた後期の生産型。車体の後部には荷物積載フレームが取り付けられており、左右に予備転輪をかけるためのブラケットが付いている

アメリカ陸軍兵器博物館
U.S.Army Ordnance Museum, Aberdeen Prouing ground, Maryland, U.S.A.

1 車体前面には30mm厚の増加装甲がボルト留めされている。マズルブレーキはオリジナルのものが装着されている
2 非常に珍しい33式突撃歩兵砲も展示されている。車体前面の30mm厚の増加装甲はブレーキ冷却用の通気孔が丸い板でふさがれており、Ⅲ号戦車H型のものを流用していると思われる

33式突撃歩兵砲
Sturminfanteriegeschütz 33

武装：15.0cm sIG33 L/11×1
　　　7.92mm MG34×1
重量：22t
乗員：5名
装甲：10～80mm
最高速度：20km/h

Panzerkampfwagen IV Ausf. D/F/G
IV号戦車 D/F2/G型

写真／笹川俊雄
Photo：Toshio SASAGAWA

IV号戦車は単一車種の戦車としてはドイツ軍でもっとも多数（約8,500両）が生産されたが、大戦中期までに生産されたタイプは現存する車両が少なく、D型が2両（1両は長砲身搭載の改修タイプ）、G型が3両のみ（内2両は球形マズルブレーキのいわゆるF2型）である

IV号戦車D型
Panzerkampfwagen IV Ausf. D

武装：7.5cm KwK37 L/24×1
　　　7.92mm MG34×2
乗員：5名　重量：23.0t
装甲：10〜50mm
最高速度：40km/h

【アメリカ陸軍兵器博物館】
U.S. ARMY Ordnance Museum, USA

■現存するIV号戦車でもっとも古い型式であるD型。短砲身のIV号戦車はここにしかない。タミヤが'77年に発売したIV号戦車D型は、この車両を取材して設計されたものと思われる。起動輪、誘導輪、主転輪はF型以降のものに交換されている。

●世界に残るIV号戦車

1936年、グデーリアン将軍のドイツ軍主力戦車構想の重火力支援戦車（20tクラス）として、クルップ社によって設計され、'37年より生産された。大戦中を通してドイツ軍主力中戦車として活躍した。初期試作先行量産型のA〜C型およびE、F型は1両も現存していないが、中、後期に量産されたH〜J型は現存する車両が多く、27両を数える。なかでも生産台数がもっとも多かったH型（3770両）は10両、J型（12両現存している。

初期のIV号戦車の主砲7.5cm/24口径短砲身はA〜F1型まで装備されたが、威力不足のため、より威力のある7.5cm/43（のちに48）口径長砲身戦車砲に換装された。戦時中に、初期の型も長砲身に換装するIV号戦車はこのD型1両のみという貴重な車両である。

北アフリカで捕獲され、アバディーン試験場でテストされた最初のIV号戦車であり、操縦手席および車体前方機銃周辺には増加装甲がボルト留めされている。

■IV号戦車F2型
U.S. ARMY Ordnance Museum, USA

初期のIV号戦車の武装と装甲を強化したのがF2型である。武装は長砲身の7.5cmKwK/L43を搭載し、のちのG型以降のシングル式で、マズルブレーキは球形とは明らかに異なっている。装甲も砲塔および前面で30mmから50mmに強化されたため、重量は23.6tに増加し、このため履帯も38cmから40cmの幅広い新型に換装されている。F2型はこのアバディーンに残る1両のみである。展示されている車両は予備履帯を防御のため装着し、車体上部左側面は切りとられ、内部が見えるようになっている。

■IV号戦車G型
Panzermuseum Munster, Germany

G型からは7.5cm KwK/L48に武装が強化され、装甲も砲塔および車体前面装甲板に、30mmの増加装甲板が直接溶接された。この博物館のG型は、1942年12月、北アフリカ〜トブルク戦線で英軍に鹵獲されたとき、走行距離わずかに482kmという新車であった。長らく英国RACに寄贈されていたが、'60年ドイツに返還された。鹵獲されたときの塗装そのままに、ダークイエロー色にドイツ軍第15機甲師団第8中隊のマーキングが描かれ、OVMもほぼ完璧に保存されている。

■RAC戦車博物館
RAC Tank Museum

1945年ドイツ軍戦車学校（NSKK）において鹵獲され、RAC戦車博物館に持ち込まれてレストア状態はよくないが貴重である。

■クビンカ戦車博物館
MIBIT Reserch Collection, Kubinca

わずかに3両のみ残るG型の1両であり、状態はよくないが貴重である。

Panzerkampfwagen IV Ausf. D/F/G

【RAC戦車博物館】
RAC Tank Museum

❶同じD型でも長砲身の改修型なので、RAC戦車博物館の車両もたいへん貴重である。主砲基部にはF2～G型の一部に装備されたものと同形のアンテナよけがついたままである。砲塔周囲にも補助装甲板（シュルツェン）が追加装備されているのに注意 ❷❸D型には戦闘室前面に段がある。装着された間隔式の増加装甲板の組み合わせ方がよくわかる ❹戦闘室右側面。側面にも増加装甲板が装着されている。板バネ式のアンテナ基部に注意 ❺同じくアンテナケース ❻車体前部左側。牽引ホールド部は破損している。前部フェンダーはオリジナルのもの ❼主エンジン用マフラー右上の、装甲カバーつきの発煙筒ラックと、その下にある砲塔旋回用補助エンジン用マフラーはD型の特徴のひとつである ❽この車両もアメリカの車両と同様に、起動輪、誘導輪、主転輪はF型以降のものに交換されている

IV号戦車F2型
Panzerkampfwagen IV Ausf. F2

武装：7.5cm KwK 40 L/43×1
　　　7.92mm MG34×2
乗員：5名
重量：23.0t
装甲：10～50mm
最高速度：40km/h

【アメリカ陸軍兵器博物館】
U.S. ARMY Ordnance Museum, USA

■唯一現存するF2型。F型から戦闘室前面装甲板が一枚板に変更された車体前方機関銃架も球形の新型になっている（F1型より）。昭和40年代はじめに今井科学（のちにバンダイ）から発売された1/15スケールのIV号戦車はこの車両と同じF2型でその巨大なキットの印象からIV号戦車といえばこのF2型が思い浮かぶ方も多いのではないだろうか

IV号戦車G型
Panzerkampfwagen IV Ausf. G

武装：7.5cm KwK 40 L/43 or L/48
　　　7.92mm MG34×2
乗員：5名　重量：23.5t
装甲：10～50mm　最高速度：40km/h

【ムンスター戦車博物館】
Panzermuseum Munster, Germany

■123G型では48口径の7.5cm戦車砲が装備され、後期のIV号戦車の基本形が完成した。撮影時期が異なるため、写真1では操縦手前方視察クラッペが下がって視察孔をふさいだ状態になっているのがわかる 56車体後部。後部左フェンダー上の尾灯はオリジナルではない 7機関室左側面の主砲用クリーニングロッドはオリジナルのようだが、空気取り入れ口カバーはメッシュ製のものに交換されてしまっている 8F型から使用された40cm幅履帯用の起動輪。前部フェンダーはオリジナルである。

【クビンカ戦車博物館】
MIBIT Reserch Collection, Kubinca

G型が1両展示されている。（写真はなし）

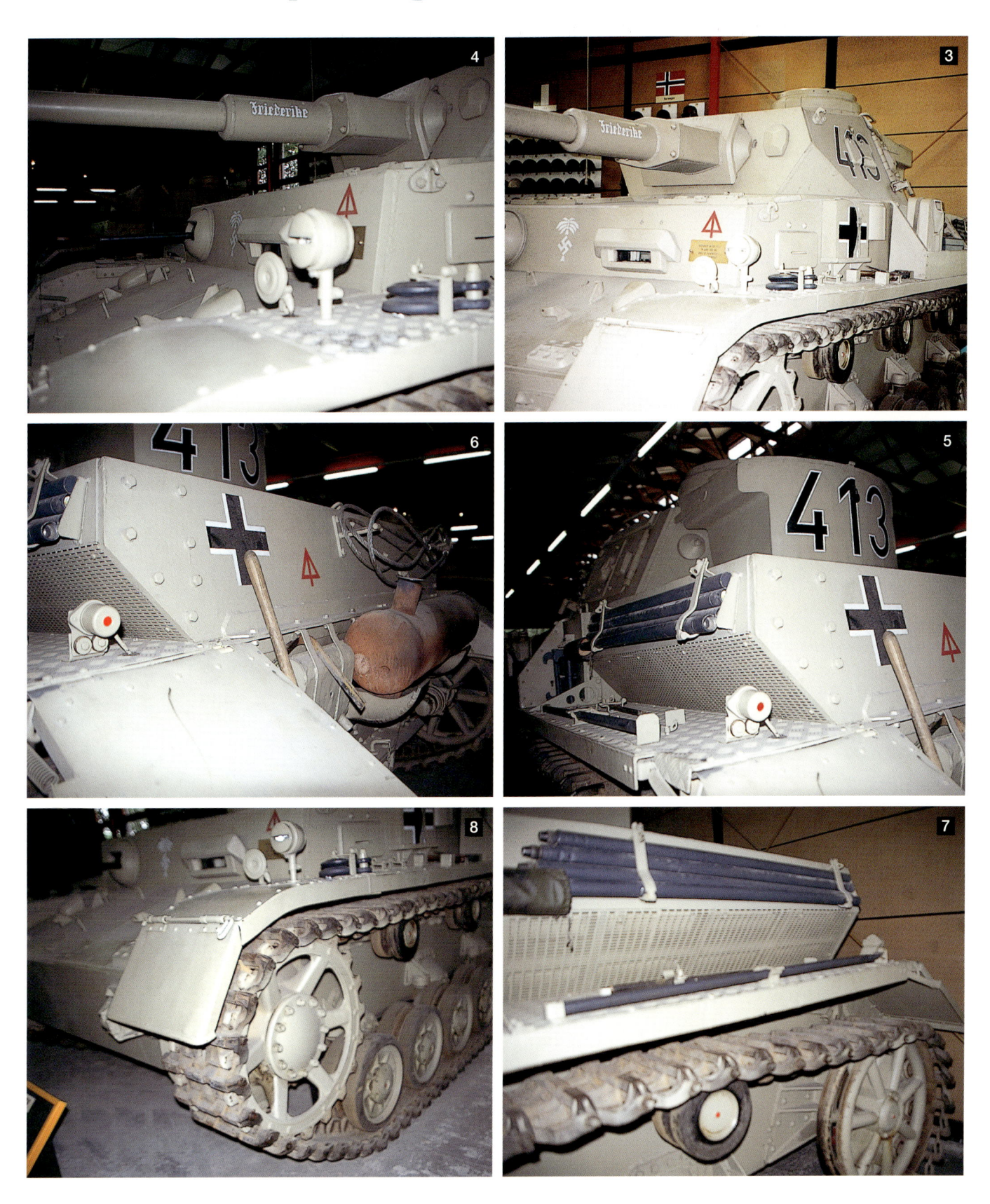

Panzerkampfwagen IV Ausf. D/F/G

43

Panzerkampfwagen IV Ausf. H
IV号戦車H型

写真／土居雅博
Photo : Masahiro DOI

G型で搭載された43口径よりさらに強力な長砲身48口径7.5cm砲を搭載し、最大装甲厚を80mmに強化した、IV号戦車のもっとも完成されたタイプ。1943年4月から1944年7月まで、シリーズではもっとも多数の3,774両が生産された。10両が現存している

#13

IV号戦車H型
Panzerkampfwagen IV Ausf. H

武装：7.5cm KwK40 L/48×1
　　　7.92mm MG34×3
　　　（対空機銃含む）
乗員：5名
重量：25.0t
装甲：10～80mm
最高速度：38km/h

**スペイン陸軍
アコラザダス
博物館**
Mused De Unidaes
Acorazadas, Spain

●IV号戦車H型
1943年春よりIV号戦車の武装はさらに強化され、主砲は48口径の7・5cm戦車砲になり、対空機銃1挺が追加された。

装甲も砲塔、車体前面が80mmに増強されると同時に、砲塔に8mm、車体側面に5mmの補助装甲板（シュルツェン）が装着され、防御力が強化されている。

H型はIV号戦車中最大数の3800両近くが作られたが、全戦線で使われ消耗し、現存しているのは10両のみである。スペインには、3両のH型が保存されている。それは、'43年末にIV号戦車H型20両を積む独軍輸送船団が、地中海方面へ向かう途中で英海軍に拿捕されそうになり、カルタヘナ港へ避難、そのまま終戦までスペインに抑留され、'49年までスペイン軍に編入されていたためである。（スペインの資料『ベルデハ』による）

この事件以前にもあわせて30両近くがドイツより供与され、一部は'60年代にシリアに売却され、対イスラエル戦に使われている。

■スペイン陸軍アコラザダス博物館
Mused De Unidaes Acorazadas, Spain
マドリッド郊外にある第1機甲師団【アコラザーダ】の駐屯地基地内に展示されている。ほかにもビラビチオザキザ騎兵師団とエル・パラド基地にも展示されている。

アコラザダスのIV号戦車H型は非常に状態がよく、自走可能なほどであると聞いている。

1 車体側面のシュルツェンが紛失しているが、非常によい状態で保存されているH型。ツィンメリットコーティングが施されていないので、'43年9月以前の生産車両である。ゴム製の上部転輪、車体右側面のエアクリーナーなどからほぼ中期型であるが、無線手用側面視察用クラッペが廃止されており、中期以降の仕様も混在した車両のようだ 2 3 砲塔上面。車長用司令塔のある後半部と、ベンチレーターのある前半部の装甲板との継ぎ目に段があるように見えるので、装甲が強化された後期仕様の砲塔らしい

Panzerkampfwagen IV Ausf. H

■4■5■6■7H型の中期生産分から装備されたエアクリーナー ■8車体後部。大型の筒型マフラーの左にあるのは、H型とJ型との最大の識別点である砲塔旋回用補助エンジン用マフラー ■9左側フェンダー前部。前照灯（ボッシュ製）が遮光フードつきで残っているのは奇跡的と言ってよい。また、その左側にある牽引用のC字形シャックルが残っているのも珍しい。本来だと前照灯と牽引シャックルのあいだに消火器が装備されるはずだが、その取り付け用金具が見あたらない ■10右側フェンダー前部。砲塔左側面のシュルツェン内側に消火器ラックらしき金具が移設されているが、詳細は不明。■12機関室左側の排気用グリルのカバーが閉じられている。側面のブラケットは砲身クリーニングロッドの固定用

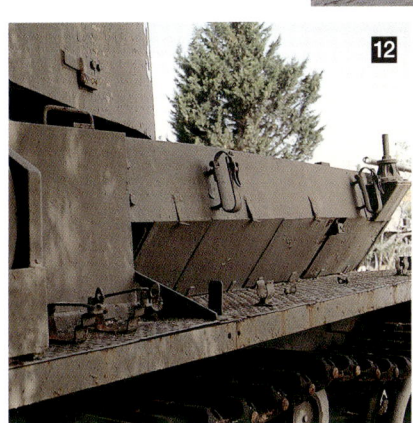

写真／笹川俊雄
Photo : Toshio SASAGAWA

Ⅳ号戦車H型
Panzerkampfwagen Ⅳ Ausf. H

トゥーン戦車博物館
Panzermuseum Thun, Switzerland

■Ⅳ号戦車H～J型の正式装備である、砲塔周囲と車体側面の補助装甲板（シュルツェン）がすべてはずされた状態 ■フェンダーは作り直されたもの。足周りも、履帯はまったく別の車両のもので、転輪も中央の二組（4個）はⅢ号戦車のものが取りつけられている ■シュルツェンがなく、また雑具箱も失われているので、普段は見られないH～J型の砲塔後部がよくわかる。中心がずれた円錐形の突起はピストルポートの装甲カバー ■車体前部の予備履帯はオリジナルのようだ。車体前面の牽引用基部はまったく形状の異なるものがついている。操縦手用前面視察クラッペのカバーが下がって、閉じた状態になっているのに注意

46

Panzerkampfwagen IV Ausf. H

5 こちらの車両もレストアに苦労した跡がうかがえる。フェンダーは新造品。車体前方機銃架はデクチャレフ機関銃用のもので、この車体がフィンランドから返還されたものであることがわかる **6** 誘導輪は後期仕様の鋳造タイプ **7** 砲塔側面ハッチ。視察用クラッペの覘視孔が溶接でふさがれている **8** 被弾して2個一組の転輪ユニットがはずれてしまっている

ジンスハイム自動車+技術博物館
Auto+Technik Museum, Sinsheim, Germany

●Ⅳ号戦車H型　その2
フランスではソミュール戦車博物館がH型1両、J型3両を有し、H型1両のみ展示されている。ほかにもノルマンディー海岸のベッカー・コレクション（プライベート博物館）に1両展示されている。

■コブレンツ国防技術博物館
BWB Wehrtechnische Studiensammlung Koblenz, Germany
スペインより購入し、メッペンでレストアしたものである。ターレットナンバー123の車両は『アハトゥンク・パンツァー第3集 Ⅳ号戦車編』（小社刊）にディテール写真が掲載されている。

■トゥーン戦車博物館
Panzermuseum Thun, Switzerland
レストアされた車両であるが、あまり再現度は高くない。部品も主にⅢ号戦車のものが使われている。例えば下部転輪はⅣ号とⅢ号のものが混在し、履帯はセンチュリオンのものが使われている。塗装も一時スイス軍が施していた塗装法であり、ダークイエローも白色に近い。

■ベオグラード軍事博物館
Military Museum Beograd, Serbia and Montenegro
H型が1両残存している模様だが、状態は不明。

■ルーマニア中央軍事博物館
Central Military Museum Bucharest, Romania
1942～43年にかけてドイツはルーマニアに対し、Ⅲ号、Ⅳ号戦車を少数供与しているる。ルーマニア機甲師団に編入されたが、'44年10月には皮肉にもドイツに対し砲火を交え、対独戦の勝利記念モニュメントとして、展示されている。

■ジンスハイム自動車+技術博物館
Auto+Technik Museum, Sinsheim, Germany
フィンランドから返還された車体で、再現性は低い。

#14

Panzerkampfwagen IV Ausf. J
IV号戦車J型

写真／土居雅博
Photo : Masahiro DOI

1944年6月から1945年3月まで、1,758両が生産された、IV号戦車の最終生産型がJ型である。砲塔旋回用補助エンジンを廃止して燃料タンクの容量を増やしたほか、生産性向上のために各部が簡略化されている。J型は10両が現存している

IV号戦車J型
Panzerkampfwagen IV Ausf. J

武装：7.5cm KwK40 L/48×1
7.92mm MG34×3
（対空機銃含む）
乗員：5名　重量：25.0t
装甲：10～80mm
最高速度：38km/h

ブリュッセル戦車博物館
Brussel Tank Museum, Brussel, Belgium

1 たいへん貴重なIV号指揮戦車J型。同じ車両は、アメリカ・メリーランド州アバディーンの陸軍博物館に展示されていた。前部マッドガードははずれてしまっている **2 3** 車体後部右側に増設されたFuG7（または8）無線機用アンテナ基部カバーが、この車両の外形的な特徴である。排気管は紛失しており、後部フェンダーもオリジナルのものではない **4** 砲塔右側の補助装甲板（シュルツェン）前端が被弾してえぐれている

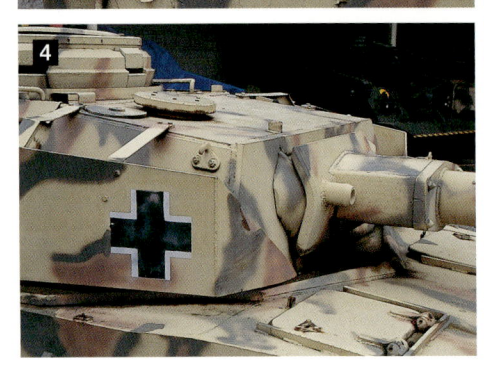

Panzerkampfwagen IV Ausf. J

5 砲塔上面のベンチレーターカバーの手前の円盤は、車体後部左から移設されたFuG5無線機用アンテナ基部。本来は近接防御兵器が装備される部分だが、取付用の開口部を利用して基部が設置されている **6** 砲塔側面のハッチの視察用クラッペは廃止されている。砲塔後部の雑具箱は紛失している **7** 手前は無線手用ハッチ **8 10** 戦闘室前面 **9** 左フェンダー前部。前照灯基部の横は消火器固定具、牽引用のC字形フックの固定具 **11** 左側面の予備転輪ラック **12** 左側面後部、機関室吸排気口 **13** 右側面。H型ではこの位置にエアクリーナーが装備されていたが、J型では廃止され、代わりに予備履帯ラックが新設された(履板を通すシャフトは紛失している)。フェンダー側面についているL字形の金具は車体用補助装甲板を固定するもの **14** 右フェンダー上のジャッキ固定用金具

●IV号戦車J型
■ブリュッセル戦車博物館

Brussel Tank Museum, Brussel, Belgium

ブリュッセル戦車博物館は、ブリュッセル市中央サンカートネル宮殿内にある。元宮殿は美術館、自動車博物館、軍事博物館(大戦中の軍用車両も含む)、飛行機博物館、軍事博物館にわかれ、軍用車両に戦車博物館が付属している。いずれもすばらしいコレクションで楽しいところである。戦車は屋外展示であるが、第一次大戦車両とベルギー国産戦車は館内に展示されている。

この博物館のIV号J型は、貴重な指揮戦車(Panzerbefehlswagen mit 7.5cm KwK L/48)である。1944年3~'45年1月にJ型の武装のままに77両が改装されたうちの1両だろう。車体後部右側にFuG7(または8)無線機用の星形アンテナを装着し、車体左側の共通のアンテナ(FuG5)を砲塔上に移し、TSF1ペリスコープを砲塔上面に増設している。'44年7月末よりフンメル重砲中隊に随伴し、観測戦車としても使用されているとのことで、この車両もそのなかの1両とのことである。

写真／土居雅博
Photo : Masahiro DOI

ソミュール戦車博物館
Saumur Musee des Blindes, France

■ソミュールに展示中のJ型は初期仕様である。砲塔、車体とも補助装甲板を失っている。左側フェンダーのノテックライト、アフリカ軍団のマークはまちがい。車内のディテールは『アハトゥンク・パンツァー第3集 Ⅳ号戦車編』（小社刊）に掲載されている。

パローラ戦車博物館
Panssarimuseo, Parola, Finland

■この車両も補助装甲板をすべて失っている。戦後のチェコ軍のように、雑具箱や工具取付金具など、フィンランド独自の改修が施されている。

■ソミュール戦車博物館
Saumur Musee des Blindes, France
フランスのソミュール戦車博物館は2両のⅣ号戦車J型を所有している。1両は完璧にレストアされ、走行可能な状態にあるが、もう1両はスクラップヤードに放置されたままであった。展示中のJ型は砲塔と車体の補助装甲板（シュルツェン）を失っている。

■パローラ戦車博物館
Panssarimuseo, Parola, Finland
フィンランドのパローラ戦車博物館は2両のJ型を所有している。いずれも大戦中にドイツから供与された車両であり、1両はPanssari kitraのワークショップでレストア中、もう1両は屋外に展示中だが、状態は見ての通りよくない。

■イスラエル戦車学校
Israeli Army Armour School, Latwn, Israeli
1960年、シリアはⅣ号戦車H型17両をスペインから購入、チェコからJ型約50両を購入し、'67年の対イスラエル六日間戦争に投入した。そのときイスラエルが捕獲した3両のJ型を、ラタンの戦車学校付属博物館に展示している（※写真なし）。

●流体変速器付きⅣ号戦車
■アメリカ陸軍兵器博物館
U.S. ARMY Ordnance Museum, USA
1944年7月、SSのリクエストにより、流体式駆動機構を持つG型改造の試作車が1両のみ作られた。砲塔を含め、車体前部2／3はG型のまま（一説にはH型）、後部1／3は駆動機構が入るアールのついた傾斜板で被覆されている。この特型試作車は、その機構を研究していたアメリカ軍が接収し、'46年春までデトロイトのヴィッカーズ工場へテストされている。研究レポート提出後にアバディーン試験場へ寄贈されている。車体後部の丸まった形状といい、後部の小型起動輪といい、じつにユーモラスなⅣ号戦車で、よくぞ残してくれたものである。

■ブルガリア軍事博物館
Military Museum, Sofia, Bulgaria
ソフィアにあるブルガリア軍事博物館中庭に展示されているが、状態はよくないという（※写真なし）。

50

流体変速器付きIV号戦車（IV号戦車特型）
Sonderausführung des Panzerkampfwagen IV

【アメリカ陸軍兵器博物館】
U.S. ARMY Ordnance Museum, USA

1 2 3 4 本来のIV号戦車の機関室ブロックが流体駆動装置のスペースにあてられている。その機構の詳細は不明だ。まるまった車体後部が戦車らしからぬ印象を強くしている **5 6** 上部転輪、転輪はIV号戦車のものが流用されているが、前部の誘導輪、後部の起動輪は新たに設計されている **7** 車体前部の誘導輪基部。ネジ山が切られたシャフトは履帯張度調整装置 **8** 後部の起動輪。誘導輪よりも直径がちいさいというのは珍しい取り合わせだ

8.8cm Pak43/1 (L/71) auf Geshutzwagen Ⅲ und Ⅳ (Sf) Sd.Kfz.164 "Nashorn"

8.8cm 43式1型対戦車砲（71口径）搭載Ⅲ/Ⅳ号火砲車（自走式） Sd.Kfz.164 "ナースホルン"

写真／笹川俊雄、大久保大治
Photo: Toshio SASAGAWA, Daiji OHKUBO

ナースホルンとフンメルは、自走砲用に開発されたⅢ/Ⅳ号戦車車台に、それぞれ71口径8.8cm対戦車砲と15cm重榴弾砲を搭載した兄弟車両である。ナースホルンは2両、フンメルは5両が現存している

1 砲身中央部弾痕があり、ここで弾がはじかれ操縦席内部へ食い入り破壊されている **2** 左側面に大きな貫通孔が確認できる。戦闘室上部両側面に突き出しているのは機銃架

アメリカ陸軍兵器博物館
U.S.Army Ordnance Museum, Aberdeen Prouing ground, Maryland, U.S.A.

8.8cm 43式1型 対戦車砲（71口径）搭載Ⅲ/Ⅳ号火砲車（自走式） Sd.Kfz.164 "ナースホルン"
8.8cm Pak43/1 (L/71) auf Geshutzwagen Ⅲ und Ⅳ (Sf) Sd.Kfz.164 "Nashorn"

武装：8.8cm Pak43/1 L/71×1　7.92mm MG34×1
乗員：5名　　　　　　　　　重量：24.0t
装甲：10〜30mm　　　　　最高速度：40km/h

■**Sd.Kfz.164 "ナースホルン"**
Ⅲ号／Ⅳ号戦車車台（Ⅳ号戦車の足周り、Ⅲ号戦車のトランスミッション、起動輪を使用し、エンジンを中央部に配置）に、8.8cm Pak43を搭載したホルニッセ、のちにナースホルンは、1943年5月には494両作られ、軍団直轄の重駆逐戦車大隊に配属されて大活躍した。攻撃力は絶大だったが、側面装甲は10mmしかなく防御力は皆無に等しかった。現存するナースホルンは2両のみであり、いずれも後期型である。

■**アメリカ陸軍兵器博物館**
U.S.Army Ordnance Museum, Aberdeen Prouing ground, Maryland, U.S.A.
展示されているナースホルンは屋外に展示されており、左側面に2発、後部ドアに1発の貫通孔が開いている。

■**クビンカ戦車博物館**
NIBIT Reseach Collection, Kubinka, Russia
車台と砲のみで内部は失われているが、車台と砲のコンディションはアバディーンより良好である。

●**Sd.Kfz.165 "フンメル"**
15cm重榴弾砲をⅢ号／Ⅳ号車台に搭載したフンメルは戦車師団の機甲砲兵大隊に配属された。クルスク戦に初登場し、終戦まで使われた。
フンメルは弾薬を18発しか搭載できないため砲をはずした弾薬運搬車（157両）が作られ、このタイプを含めて総生産台数は816両である。ナースホルンと同じ車台の前期型1両と車台前部キャビンを車体幅にまで拡張した後期型4両が現存している。

■**ムンスター戦車博物館**
Panzermuseum, Munster, Germany
西部戦線で米軍に捕獲された車両であり、1976年にパットン博物館から寄贈された。'82年には走行できるまでにレストアされた。唯一現存する前期型である。

8.8cm Pak43/1 (L/71) auf Geshutzwagen Ⅲ / Ⅳ (Sf) Sd.Kfz.164 "Nashorn"

クビンカ戦車博物館
MIBIT Reserch Collection, Kubinka, Russia

③ 比較的状態は良く、起動輪中央のカバーが付いているが、ライトはロシア製のもの。
④ トラベリングロック、アンテナ基部などもオリジナルのもの。

ムンスター戦車博物館
Panzermuseum, Munster, Germany

15cm重機甲榴弾砲搭載Ⅲ/Ⅳ号火砲車（自走式）
Sd.Kfz.165 "フンメル"
15cm Schwere Panzerhaubite auf Geschutzwagen Ⅲ/Ⅳ (Sf) Sd.Kfz.165 "Hummel"

武装：15cm sFH18/1 L/29.6×1　7.92mmMG34×1
乗員：6名　　　　　　　　　重量：23.5t
装甲：10〜30mm　　　　　　最高速度：42km/h

⑤⑥ 戦闘室前部の形状から前期型であることがわかる。車載工具などの装備品も備える
⑦ 車体には偽装ネットがかけられており、内部が見えないのが残念である
⑧ 牽引ホールドは側面装甲板と一体になっている。写真ではわかりづらいが内側に補強としてのあて板が溶接されているようだ
⑨ 起動輪はハブキャップのないタイプ
⑩ 戦闘室前部に溶接された操縦手側の貼り出し部のアップ。装甲厚は30mm

パットン博物館
Patton Museum Fortnox, USA

1 操縦手と無線手席の張り出しの形状から後期型とわかる。起動輪はⅢ号戦車H型以降のものと同じものである **2** かなりの錆が見られ、状態はかなり悪い。また、車体装甲板も一度割れてしまい溶接されている **3** 砲口にダメージを受け右側が裂けてしまっている

■パットン博物館
Patton Museum of Cavalry and Armor, U.S.A.
アメリカ軍第3軍により砲身に被弾し、捕獲されたフンメル後期型である。パットン博物館玄関前広場に、Ⅲ号戦車とⅤ号戦車パンターとともに展示されている。

■ソミュール戦車博物館
Saumur Armour Museum, France
左側ドライバー席に被弾し、連合軍に捕獲されたフンメルの"313"号車である。砲トラベルクランプから工具類まで完全に装備が残っている後期型は、この車両のみである。

■ジンスハイム自動車+技術博物館
Auto+Technik Museum, Sinsheim, Germany
ソミュール戦車博物館が所有していた2両のフンメルのうち、状態の悪いほうをコブレンツ博物館が1985年にゆずり受け、レストア終了後こちらに展示されている。

■アメリカ陸軍兵器博物館
U.S. Army Ordnance Museum, Aberdeen Prouing ground, Maryland, U.S.A.
側面通気孔に10mm厚の装甲カバーを被せた、唯一現存する最後期型である。D-Day直後に米軍に捕獲され、研究用にすぐさま本国に送られた車両である。(写真なし)

写真／笹川俊雄
Photo: Toshio SASAGAWA

8.8cm Pak43/1 (L/71) auf Geshutzwagen III / IV (Sf) Sd.Kfz.164 "Hummel"

ジンスハイム自動車+技術博物館
Auto+Technik Museum, Germany

ソミュール戦車博物館
Saumur Musee des Blindes

④ トラベリングクランプはないものの、基本的にレストアの仕上がり具合は良い ⑤ フェンダーは鉄板で修理されている。アンテナもオリジナルではない

⑥⑦ 左側ドライバー席が被弾している。カモフラージュを施すためのワイヤーが塗装で描かれている ⑧ 車体内部の状態も良好 ⑨ 左右に計2個装備されている弾薬庫

#16

8.8cm Pak43/1 (L/71) auf Geshutzwagen Ⅲ und Ⅳ (Sf)

Ⅲ/Ⅳ号車台軽榴弾砲武器運搬車

写真／笹川俊雄
Photo: Toshio SASAGAWA

Ⅲ/Ⅳ号車台からは様々な自走砲が作られたが、ナースホルンとフンメル以外は試作のみで終わったか、極く少数が生産されたのみである。そのなかで2両の自走砲（武器運搬車）がイギリスとアメリカに現存しており、その希少性から資料的価値は非常に高いといえる

英国帝国博物館（ダクスフォード別館）
Imperial War Museum

**18式40/2型
軽野戦榴弾砲搭載
Ⅲ/Ⅳ号戦車車台（自走式）**

Leichte PzH18/40/2
auf Geshutzwagen Ⅲ/Ⅳ (Sf)

武装：10.5cm leFH 18/40
　　　L/28×1
乗員：5名
重量：25.0t
装甲：10～20mm
最高速度：45km/h

1 ダクスフォードで屋内展示されている車両は廃屋より射撃している設定のダイオラマ仕立てになっている。垂直になっている車体側面板は10mm厚で、横に開く構造で、砲が取り出しやすくなっている

2 砲弾は戦闘室内側の左右に30発ずつ、さらに車台下部左右に10発ずつの計80発を搭載していた

3 車体後部には上方に簡易型の10.5cm砲脚と砲車輪が装着される。円形板の下部が可動し、車輪を降ろすのに都合がよい機構となっている

アメリカ陸軍兵器博物館
U.S. ARMY Ordnance Museum, Abardeen Prouing Grownd, USA

4 車台はフンメル用に開発されたⅢ／Ⅳ号戦車用のものをベースに作られている。砲塔は全周旋回式となっており、両側面には車輪が付き、移動砲台にもなる。また、本来オープントップの車両なのだが、現在は鉄板でふさがれてしまっている。車体前部の左右に予備転輪が増加装甲の役割も兼ねて装備される。[ホイシュレッケ]はバッタの意味であるが、車体側面の左右には砲塔を取り外す際に使われるバッタの足に似たスライド式のアームが装備されている **5** 車体後部には砲塔両側面に付く車輪が装備されるが、現在は失われている。また排気管も失われている。写真では見えないが、砲塔後部は車体後部上の構造物と干渉しないように少しカットされている

● 18式40／2型軽機甲榴弾砲搭載Ⅲ／Ⅳ号戦車車台（自走式）

1942年より移動砲台として開発された。10・5㎝砲塔と移動用車輪および砲弾80発を搭載。自走砲としても、移動用車輪を外して固定砲台としても使用可能な車両である。Ⅲ／Ⅳ号車台を用いて車外で武器運搬車として1両のみラインメタル社で試作された。

● 10・5㎝ 18式1型28口径軽野戦榴弾砲搭載 GW Ⅳb型兵器運搬車［ホイシュレッケ10型］

前述のラインメタル社と同時期にクルップ社製の野戦移動砲運搬車である。ゲシュッツワーゲンと同様にⅢ／Ⅳ号車台を基に、3両のみ試作したとする文献もある。ラインメタル社製と異なる点は、両側面に装備されたアームによって自力で砲塔着脱が可能だったことである（8両作られたとも）。

■ 帝国戦争博物館
Imperial War Museum

1966年に個人コレクターから英国帝国博物館が買い取った車両であり、同博物館のダクスフォード航空機館別館内に展示されている。ダイオラマ仕立ての展示なので通常は車体正面しか撮影できない。

■ アメリカ陸軍兵器博物館
U.S.Army Ordnance Museum, Aberdeen Prouing ground, Maryland, U.S.A.

砲車輪や備品の一部が失われているが、現存する唯一のホイシュレッケである。

10.5cm 18式1型28口径軽野戦榴弾砲搭載 GW Ⅳb型兵器運搬車［ホイシュレッケ 10型］
10.5cm leFH18/1 L/28 auf Waffentrager GW Ⅳb "Heuschrecke 10"

武装：10.5cm leFH 18/40 L/28×1
乗員：5名　重量：17.3t
装甲：14.5〜20mm　最高速度：45km/h

#17

Sturmpanzer Ⅳ Brummbär [Sd.Kfz.166]
Ⅳ号突撃戦車 "ブルムベア"

写真／笹川俊雄
Photo: Toshio SASAGAWA

突撃戦車ブルムベアは、スターリングラード戦の戦訓から作られた車両で、Ⅳ号戦車の車台に重装甲の戦闘室を載せ、大口径15cm突撃榴弾砲を搭載していた。戦闘室形状の違いで前・中・後期型が存在するが、それぞれ1両ずつ、計3両が現存している

クビンカ戦車博物館
MIBIT Reserch Collection, Kubinka, Russia

Ⅳ号突撃砲 "ブルムベア"
Sturmpanzer Ⅳ Brummbär [Sd.Kfz.166]

武装：15cm StuH43 L/12×1
　　　7.92mm MG34×1
乗員：5名
重量：28.2t
装甲：10〜100mm
最高速度：40km/h

■1 クビンカ戦車博物館に現存するⅣ号突撃砲ブルムベアの初期型。対戦当時の塗装でないのは残念だが、初期型はここにしか現存せず、たいへん貴重な車両であるといえる。ベースとなった車両はⅣ号戦車E型の改修タイプ。ブルムベアの初期型はインジェクションプラスチックキットではまだキット化されていないので発売を切望する方も多いのでは
■2 タミヤがキット化していることでおなじみのブルムベア中期型。ベースとなっている車体はH型である

アメリカ陸軍兵器博物館
U.S. ARMY Ordnance Museum, Abardeen Prouing Grownd, USA

● Ⅳ号突撃戦車ブルムベア
スターリングラードでの市街戦における教訓から、要塞化された建物に対して有効な火力と敵火点に対する重装甲突撃砲として1943年4月より量産された。初期型から後期型まで313両が生産され、終戦まで対歩兵戦闘に活躍している。

■クビンカ戦車博物館
NIBIT Reseach Collection, Kubinka, Russia
ティーガーI型のものと同じダイレクト・ヴィジョン・スリットを備えた、Ⅳ号E型から改装した初期型である。

■アメリカ陸軍兵器博物館
U.S. Army Ordnance Museum, Abardeen Prouding ground, Maryland, U.S.A.
Ⅳ号戦車H型から改装され、操縦手席にペリスコープを備えた中期型である。15cm砲は初期型のものにくらべ、砲身防弾スリーブが延長されたものが装備されている。

■ソミュール戦車博物館
Saumur Armour Museum, France
キューポラを装備し、戦闘室の形状が大幅に改修された後期型。ツィンメリットコーティングが再現され、転輪はすべて鋼製リム転輪に換装してある。レストアの状態もよい。

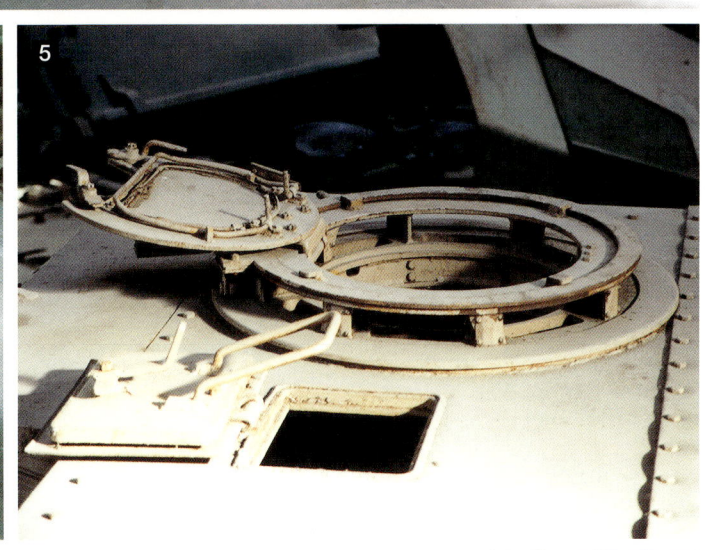

Sturmpanzer IV Brummbar [Sd.Kfz.166]

ソミュール戦車博物館
Saumur Musee des Blindes

3 4 戦闘室の形状が改修されたブルムベア後期型。このタイプのキットは現在、ドラゴンから発売されている。ツィンメリットコーティングのパターンが参考になる車体だ **5** 車長用のキューポラ。III号突撃砲G型のキューポラと同型のものが装備されており、ハッチは開いた状態になっている。手前の小型ハッチは換気用のハッチではないかと思われる **6** 車体前部の予備履帯取りつけ金具の形状および、フェンダー内側のディテールが確認できる **7** 転輪はすべて全鋼製転輪が装着されており、この写真では確認できないが2種類のハブキャップがもちいられている。上部転輪は片側4個で、リブなしのものが装着されている。起動輪はG後期型あたりから採用されたタイプのもの **8** 誘導輪基部の履帯緊張装置、上方の丸い蓋は補助エンジン用マフラー穴を塞いだもの。またマフラーの上には搭乗用のプラットフォームが取りつけられている

Flakpanzer Ⅳ Möbelwagen [Sd.Kfz.161/3]
Ⅳ号対空戦車 "メーベルワーゲン"

#18

写真／笹川俊雄
Photo: Toshio SASAGAWA

第二次大戦後半、連合軍に制空権を奪われたドイツ軍にとって、対空戦車の開発は切実な問題であった。Ⅳ号戦車をベースに数種類の対空戦車が開発されたが、その最初で、もっとも多数が生産されたのが、3.7cm対空機関砲をオープントップ戦闘室に搭載したメーベルワーゲン（家具運搬車の意）である

ジンスハイム自動車＋技術博物館
Auto+Technik Museum, Germany

1

Ⅳ号対空戦車 "メーベルワーゲン"
Flakpanzer Ⅳ Möbelwagen [Sd.Kfz.161/3]

武装：3.7cm Flak43 /1×1
　　　7.92mm MG42×1
乗員：6名
重量：24.0t
装甲：10～80mm
最高速度：38km/h

1 ジンスハイム博物館では、ドイツ軍対空砲コーナーに展示してあるメーベルワーゲン。ライトわきの金具は前面装甲板を水平にしたときの支持具 **2** 側面からみたメーベルワーゲン。可動式装甲板の側面についている金具は装甲板を水平にしたときの支持金具である

2

■ジンスハイム自動車＋技術博物館
Auto+Techic Museum, Sinsheim, Germany

■ソミュール戦車博物館
Saumur Armour Museum, France

●Ⅳ号対空戦車メーベルワーゲン

Ⅳ号戦車部隊に随伴し、その天敵である航空機からの攻撃を防ぐための対空戦車が開発された。1943年3月から1年間に240両が生産され、本格的な対空戦車が出現するまでのつなぎのはずだが、最後まで使用されている。3.7cm対空砲は防盾もふくめて1392kgと軽量で使いやすかった。オープントップで25mmしかないガンシールドは防御力に欠けるものの対空戦車の主力として活躍した。

240台が生産されたメーベルワーゲンのうち、現在2両が現存しており、そのうちの一両をオートテック・ミュージアムが所蔵している。砲の周囲の可動式装甲板は半開きの状態に固定してある。

残りのもう一両はフランスのソミュール戦車博物館が所蔵している。現在タミヤから発売されているメーベルワーゲンのキットはこちらの車両を取材して、キット化している。可動式装甲板は今でも動かすことができる。

60

郵便はがき

101-0054

おそれいりますが切手をお貼りください

東京都千代田区神田錦町
1丁目7番地　㈱大日本絵画

読者サービス係 行

アンケートにご協力ください

フリガナ				年齢
お名前				（男・女）

〒
ご住所

TEL　　　（　　　）
FAX　　　（　　　）
e-mailアドレス

ご職業	1 学生	2 会社員	3 公務員	4 自営業
	5 自由業	6 主婦	7 無職	8 その他

愛読雑誌

このはがきを愛読者名簿に登録された読者様には新刊案内等お役にたつご案内を差し上げることがあります。愛読者名簿に登録してよろしいでしょうか。
　　　　　　　□はい　　　　　　□いいえ

Watch the Panzer! ウォッチ・ザ・パンツァー
**博物館に現存する
ドイツ戦車実車写真集**

9784499229692

「Watch the Panzer!ウォッチ・ザ・パンツァー」アンケート

お買い上げいただき、ありがとうございました。今後の編集資料にさせていただきますので、下記の設問にお答えいただければ幸いです。ご協力をお願いいたします。なお、ご記入いただいたデータは編集の資料以外には使用いたしません。

①この本をお買い求めになったのはいつ頃ですか？
　　　　年　　　　月　　　　日頃(通学・通勤の途中・お昼休み・休日)に

②この本をお求めになった書店は？
　　　　　　　　　　(市・町・区)　　　　　　　　　　　書店

③購入方法は？
1 書店にて(平積・棚差し)　　2 書店で注文　　3 直接(通信販売)
注文でお買い上げのお客様へ　入手までの日数(　　日)

④この本をお知りになったきっかけは？
1 書店店頭で　　2 新聞雑誌広告で(新聞雑誌名　　　　　　　　　　　)
3 モデルグラフィックスを見て　　4 アーマーモデリングを見て
5 スケール アヴィエーションを見て
6 記事・書評で(　　　　　　　　　　　　　　　　　　　　　　　　)
7 その他(　　　　　　　　　　　　　　　　　　　　　　　　　　　)

⑤この本をお求めになった動機は？
1 テーマに興味があったので　　2 タイトルにひかれて
3 装丁にひかれて　　4 著者にひかれて　　5 帯にひかれて
6 内容紹介にひかれて　　　　7 広告・書評にひかれて
8 その他(　　　　　　　　　　　　　　　　　　　　　　　　　　　)

この本をお読みになった感想や著者・訳者へのご意見をどうぞ！

ご協力ありがとうございました。抽選で図書カードを毎月20名様に贈呈いたします。
なお、当選者の発表は賞品の発送をもってかえさせていただきます。

Flakpanzer IV Möbelwagen [Sd.Kfz.161/3]

ソミュール戦車博物館
Saumur Musee des Blindes

3 ソミュール戦車博物館のメーベルワーゲン。側面板を倒して、プラットホーム状態とした時は支持金具が45°の位置で支えるようになっている **4** 正面やや左からみたメーベルワーゲン。側面板（25mm厚）は、30°で固定できる **5** この車両は排気管は縦型のものを装着している。このマフラーを装備した車両は、ノルマンディ戦の時点では、まだ出現していなかった。誘導輪は生産初期には鋳造型が多く見られたが、この車両は後期により多く見られたパイプ溶接型を装備している。これは鋳造型誘導輪の在庫不足から、旧在庫分のパイプ溶接型を使用したためと推測される **6** 可動式装甲板を斜め後方から見る。側面板にも回転式のピストルポートが装備されている **7** 車体前面に装備されたピストルポート。メーベルワーゲンはボールマウント方式を採用している **8** 搭載砲である、3.7㎝Flak43/1の右砲架部分。後方板は45°までしか倒れない

#19 Flakpanzer IV Wirbelwind, Pz Fgst IV/3
IV号対空戦車 "ヴィルベルヴィント"

写真／笹川俊雄
Photo : Toshio SASAGAWA

4連装2cmFlak38を搭載した、2番目の対空戦車で、1944年11月までに87両が作られたが、それ以降はより大威力のオストヴィントにその座を譲った。ヴィルベルヴィントはカナダとドイツに2両が現存している

ボーデン陸軍博物館
Borden Military Museum, Canada

IV号対空戦車「ヴィルベルヴィント」
Flakpanzer IV Wirbelwind, Pz Fgst IV/3

武装：2cmFlak38 L/55×4
　　　7.92mmMG34×1
乗員：5名
重量：22.0t
装甲：10～80mm
　　　（砲塔16mm）
最高速度：38km/h

● IV号対空戦車「ヴィルベルヴィント」
メーベルワーゲンの後継車両として開発された対空砲搭載の車両が2cm対空砲4連装のヴィルベルヴィントと3.7cm対空砲のオストヴィント、および3cm2連装のクーゲルブリッツであった。メーベルワーゲンは43両が生産され、ヴィルベルヴィントは86両が生産されたにすぎない。クーゲルブリッツに至っては砲塔のみ2個試作品が作られただけであった。対空戦車中最強と言われ、主力となるはずであったオストヴィントが1両も残っていないのは残念である。

■ ボーデン陸軍博物館
Borden Military Museum, Canada
この博物館の目玉がパンター戦車とヴィルベルヴィントである。IV号J型車台そのままに対空砲塔を搭載した車両が1両でも残っていたこと自体、うれしいことである。

Flakpanzer IV Wirbelwind Pz.Fgst.IV/3

■1 右側面からみたヴィルヴェルヴィント。車体はJ型が用いられているようだ。残念なことに車外装備品などはすべて失われている ■2 起動輪はG後期型以降に採用されたタイプ。上部転輪はリブなし全金属製のものが使われている ■3 砲塔上面は屋外展示のためか、鉄板で覆われている。砲身はこの角度で固定されているようだ。砲塔側面には擬装用の小さいフックが溶接されている。砲塔の溶接後はキットでは省略されているので、参考にしてほしい ■4 履帯はIV号駆逐戦車などによく見られる最後期型（軽量型）を履いている。履帯の正式名称は『Kgs617400/400/120/99』。モデルカステンの可動履帯では『SK-27』にあたる ■5 転輪のハブキャプは1943年9月から採用されたもの ■6 履帯緊張装置の形状が確認できる。排気マフラーなどは破損しており車体後部の状態はよくない ■7 車体下部を内側から撮影した写真。へたってしまったサスペンションの様子が確認できる。

#20

Sturmgeschütz neuer Art mit 7.5cm Pak L/48 auf Fahrgestell Panzerkampfwagen Ⅳ [Sd.Kfz.162]

Ⅳ号駆逐戦車F型

写真／笹川俊雄
Photo : Toshio SASAGAWA

Ⅲ号突撃砲の後継としてより防御力を高めて、対戦車戦闘に特化した車両がⅣ号駆逐戦車である。F型はⅢ号突撃砲と同じ48口径7.5cm砲を搭載して、1944年1月から11月まで769両が生産されている。試作型のOシリーズも含めて、4両のⅣ号駆逐戦車が現存している

ソミュール戦車博物館
Saumur Armour Museum, France

Ⅳ号駆逐戦車F型
Sturmgeschütz neuer Art mit 7.5cm Pak L/48 auf Fahrgestell Panzerkampfwagen Ⅳ [Sd.Kfz.162]

武装：7.5cm Pak39 L/48×1、
　　　7.92mm MG42×2
乗員：4名
重量：24.0t
装甲：10〜60mm
　　　（Saukopfblende 80mm）
最高速度：40km/h

1 ソミュール戦車博物館に展示中のⅣ号駆逐戦車F型は、1944年3月はじめから4月末にかけて生産された車両である。操縦手側の機関銃射撃孔は廃止されている。7.5cm Pak39にはマズルブレーキを装着 **2** 第一転輪は全鋼製転輪が装着されている

●Ⅳ号駆逐戦車F型は威力に定評のある7.5cm Pak39 L/48を主砲とし、優れた傾斜装甲による防禦力といい、もっと早い時期に出現していたら充分な活躍をしていたと思われる車両であった。現に1944年5月からフォマーグ社は、それまで並行して生産していたⅣ号戦車の生産をやめて駆逐戦車一本にしぼられていることからも、その優秀さがわかる。

■ソミュール戦車博物館
Saumur Armour Museum, France
フランスのソミュール戦車博物館では、3両のⅣ号駆逐戦車（O型、F型、70（A）型）を所有しており、試作型のO型は現在レストア中で、まだ一般には非公開となっている。

■ムンスター戦車博物館
Panzermuseum, Munster, Germany
ムンスター戦車博物館の車両は、'80年までムンスター戦車デポに放置されていたが、その後'85年にレストアが完了したF型後期型が展示されている。

■トゥーン戦車博物館
Panzermuseum, Thun, Switzerland
スイスのトゥーン戦車博物館では、車両ナンバーWH836を持つF型後期型が屋外展示されている。

Sturmgeschütz neuer Art mit 7.5cm Pak L/48 auf Fahrgestell Panzerkampfwagen Ⅳ [Sd.Kfz.162]

③ ドイツのムンスター戦車博物館に展示されているF型後期型。予備履帯を車体前面に装着している。ツィンメリットコーティングが車体全面に施されており、砲身には黒のキルマークが5本描かれている。また、この車両には、車体側面のシュルツェンも完全に装着されて、塗装もオリジナルではないが3色迷彩が施されており、かなりよくレストアされている

| ムンスター戦車博物館 |
| Panzermuseum, Munster, Germany |

| トゥーン戦車博物館 |
| Panzermuseum, Thun, Switzerland |

④～⑥トゥーン戦車博物館に屋外展示されているF型後期型。迷彩塗装はドイツ軍オリジナルのものではなく、スイス陸軍特有の塗装である ⑥車体前面の機関銃射撃孔カバー。フェンダーのすべり止めは、ドットパターン ⑦車体後部から見た状態。排気管（マフラー）の排気口はふさがれている。履帯はⅣ号戦車F〜H型初期に多く見られる、センターガイドの穴が開いた中期型。誘導輪はパイプ式のもの

#21

Panzer Ⅳ/70 (V) (Sd.Kfz.162/1)
Ⅳ号駆逐戦車70(V)/(A)型

写真／笹川俊雄
Photo: Toshio SASAGAWA

F型の48口径7.5cm砲から、主力戦車パンターと同じ70口径7.5cm砲を搭載してより対戦車戦闘力を高めた車両で、制式名称のⅣ号戦車／70からも分かるように、Ⅳ号戦車の後継車種とされた。6両が現存している

ベルトリンク・ラリーに出場したⅣ号駆逐戦車70(V)
Private collection Pz. Ⅳ/70 (V) in WAR AND PEACE SHOW

1998年のWAR AND PEACE SHOW（ベルトリンク・ラリー）には個人所有のⅣ号駆逐戦車70(V)型が登場し、軽快な走りを見せた。この写真は所有者の許可を得て、撮影したもである。完全にレストアされ非常に美しい車体であった。

Ⅳ号駆逐戦車70(V)型
Panzer Ⅳ/70 (V) (Sd.Kfz.162/1)

武装：7.5cm Pak 42 L/70×1　7.92mmMG42×1
乗員：4名
重量：25.8t
装甲：20～80mm
最高速度：35km/h

●Ⅳ号駆逐戦車70(V)型
Ⅳ号駆逐戦車70(V)型は、フォマーグ社によって1944年8月から終戦まで930両が生産された。39式48口径から42式70口径の7.5cm砲に主砲を強力なものに改装し、装甲も前面80mmと強化された。Ⅳ号駆逐戦車70(V)型は5両しか現存しない。

1 主砲を支えるトラベリングロックを立てて、砲を固定した状態。かなりの重量がある長砲身70口径7.5cm砲は走行時には必ずロックしなければならないほどだ。ザウコップ防盾には鋳造番号がモールドされている **2** 塗装はオリジナルの迷彩ではないが、かなり忠実に再現してある。

Panzer IV/70 (V) (Sd.Kfz.162/1)

3 上部転輪はより後期のリブなし全鋼製。また転輪は第1、第2転輪がゴム内蔵の鋼製型のものに変更されている。これは車体のトップヘビー化による転輪の耐久時間が短くなることに対処したもの。サスペンション基部の取り付けボルトは数が少なくなっている

4 車体前部の折り畳み式フェンダー。写真でははね上げた状態にしてあるので、実際のフェンダーの薄さが確認できる。模型でこの薄さを再現しようと思うなら、ここはやはり金属板で作り替えるか、エッチングパーツを用いて再現したいところだ

5 車体後面からのディテールを見る。牽引ホールドは通常のタイプ。主エンジン用マフラーは1944年8月以降に採用された筒型のもを装着している。また補助エンジン用マフラーは廃止されている。誘導輪基部は、それまでのものにくらべ簡易なものに変更されている

6 間隔表示灯本体が脱落しているおかげで、取りつけ基部のディテールが確認できる。本体はここにボルトで固定されている。履帯は軽量型のようだ。また履帯の右側に見られる板状のものは1944年11月以降に採用された履帯ピン保護板である

ソミュール戦車博物館
Saumur Armour Museum, France

IV号駆逐戦車70（A）
Panzer IV/70(A) [Sd.Kfz.162]

武装：7.5cm Pak42L/70×1、7.92mmMG34×1
乗員：4名　重量：28.0t
装甲：10〜80mm
最高速度：38km/h

写真／笹川俊雄
協力／辻 壯一
Photo&Text : Toshio SASAGAWA

●IV号駆逐戦車／70（A）
1944年8月より1945年3月まで、278両生産された長砲身の7.5cm42式対戦車砲を搭載した駆逐戦車のアルケット社版である。この型ではIV号戦車J型標準型車台をそのまま使用した。本車のほとんどは東部戦線の部隊に配備されて戦っている。

■ソミュール戦車博物館
Saumur Armour Museum, France
ここソミュール戦車博物館では、終戦直前にシャーマン戦車により撃破され自由フランス軍に捕獲された、唯一現存する車両が展示されている。

Panzer IV/70 (A)

■ソミュール戦車博物館に展示されているIV号駆逐戦車70(A) ■同じく左斜め前からみたカット。隣にはIV号駆逐戦車F型が陣取っている ■機関室上部に取りつけられた棒状の予備転輪用ホルダー ■車体後部の様子。エクゾーストパイプは垂直型のもので、IV号戦車J型（後期型）によくみられるものだ ■80㎜の前面装甲板に食い込んだシャーマンの75㎜砲弾。この写真では正面からのため良く見えないが被弾により、装甲板に亀裂が入っているのが確認できる。なお現在ではこの部分は修理されているらしく、逆にこのままのほうが良かったと残念に思う方が多いのではないだろうか ■ボッシュライト基部のディテールがよくわかる。ほかにフェンダーの滑り止めパターンもはっきり確認できる。ライトコードが意外と太いものなので、模型で再現するときの参考にしてほしい ■誘導輪はH型後期型〜J型によくみられる鋳造製のタイプ。転輪用のダンパーは、H型中期型〜J型にかけて改修されたタイプ。履帯は最後期型の軽量型を履いている ■第1転輪から第4転輪は、全鋼製転輪を履いているが、これは70口径7.5㎝砲を搭載した結果、前部の転輪への重量負担が増したためにとられた措置である。サスペンション基部の取りつけボルト穴の一部が廃止されている

Panzerkampfwagen V Ausf. D

パンターD型

写真／笹川俊雄、土居雅博、トーマス・アンダーソン
Photo : Toshio SASAGAWA, Masahiro DOI, Thomas Anderson

ソ連軍のT-34に対抗して、第二次大戦開戦後に開発が始まった主力戦車がV号戦車パンターである。D型はパンターの最初の生産型で1943年1月から9月まで850両が生産され、クルスク戦で初陣を果した。現存するパンターD型は2両

パンターD型
Panzerkampfwagen V Ausf. D

武装：7.5cm KwK42 L/70×1
　　　7.92mm MG34×2
乗員：5名
重量：43t
装甲：砲塔45～100mm　車体16～80mm
最高速度：46km/h

【オランダ・ブレダ市】
Breda, Netherland.

❶屋外にたたずむパンターD型初期型。車外装備品はなく、前部ライトも基部が残るのみとなっている。❷開いているハッチが初期型の砲塔のみの特徴である連絡用の小ハッチ。❸初期型のみに見られる形状の起動輪ハブキャップ。

● 世界に残るパンター

1941年6月、ソ連に侵攻したドイツ軍は、バルバロッサ作戦で初めてソ連戦車KV-1、T-34という強敵に遭遇し、苦戦を強いられる。対抗手段として開発した次期主力戦車がパンターであった。パンターは傾斜した重装甲、7.5cm、70口径の強力な武装と、最高速度46km／hの軽快な足回りを持った走攻守三拍子そろった傑作戦車だった。生産はMAN社により1943年1月から行なわれ、D、A、G型あわせて6000両近くが生産されている。

現在、残存しているパンターは18両であり、内訳はD型2両、A型7両、G型8両、ベルゲパンター（回収車）1両である。そのうち戦車博物館などに展示されているパンターは13両、戦跡記念モニュメントにされているのが4両、残りの1両は米国内で個人収集家のコレクション（A型）となっている。

● パンターD型

D型はわずかに2両しか残っていない。1両は『アハトゥンク・パンツァー第4集』（小社刊）に紹介されているように、オランダ、ブレダ市中央広場に展示されている。

ド軍が鹵獲しブレダ市に寄贈した車両で、初期のD型である。もう1両はトゥーン戦車博物館に展示されているD型後期型である。

■ オランダ・ブレダ市のパンターD型
Panther Ausf.D in the town of Breda, Netherland.

雨ざらしのため保存状態がよいとは言えず、車外装備品も失われているが、D型初期型のほぼ完全な姿を確認できる貴重な1台である。

■ トゥーン戦車博物館
Panzer museum THUN, Switzerland.

この博物館はアルプス登山口に近い場所にあり、スイス陸軍の機甲師団戦車兵養成学校附属の施設である。一般公開していないが、スイス陸軍またはスイス観光局の許可を得れば見学できる。そのほかにも、ティーガーII型、ヤークトパンター、III突G型などと共にドイツ戦車コーナーに展示されている。後部雑具箱やOVM類はクリーニングロッドケース以外はすべて失われているが、ペリスコープ付きキューポラを装備したD型後期（最近の資料ではA型初期）型として貴重な車両だ。

70

Panzerkampfwagen V Ausf. D

トゥーン戦車博物館
Panzer museum THUN, Switzerland.

④⑤⑥車体は前方機銃用クラッペの形状からD型後期型と確認できる。砲塔はピストルポートや小ハッチを廃止したA型前期のもの。防盾は作り直したもの ⑦車外装備品基部はほぼ完全な形状で残されている ⑧D型では操縦手、無線手用のペリスコープが二つずつ用意されている ⑨排気用グリルやエンジンハッチは欠損しているため鉄板で塞がれている ⑩転輪の内側部分にはツィンメリットコーティングが確認できる。

#23

Panzerkampfwagen V Ausf. A
パンターA型

写真／笹川俊雄
Photo : Toshio SASAGAWA

クルスク戦で露呈したパンターDの機械的問題を改善、改良したのがパンターA型である。1943年8月から1944年5月までに2000両が生産された。現存するA型は4両だが、その中には完璧に稼働する車両も含まれる

パンターA型
Panzerkampfwagen V Ausf. A

武装：7.5cm KwK42 L/70×1
　　　7.92mm MG34×2
乗員：5名
重量：44.8t
装甲：110～40mm
最高速度：46km/h

ジンスハイム自動車＋技術博物館
Auto+Technik Museum, Germany

1 A型から採用された鋳造による新型キューポラ。対空機銃用のレールと7方位分のペリスコープが特徴。正面のペリスコープには車長用の直接照準器が取り付けられている **2** 車台後部の装甲板の構成はD型と同様。側面装甲のフチにある取っ手状のものはシュルツェン取り付け金具を設置するためのもの **3** 雑具箱は失われている。また、左側の履帯張度調整口カバーが開いた状態になっている

■パンターA型

A型は、D型で問題となっていた足周りの不良箇所を改修したほか、車体右前面にボールマウント式銃架、砲塔に近接防御兵器、対空機銃用レールなどが取り付けられ、武装も強化されている。装甲もD型に比べ各部所で10mmずつ厚くなり、そのため重量が2tほど増している。戦車博物館に残るA型は合計で6両となっている。

●ジンスハイム自動車＋技術博物館
Auto+Technik Museum Sinsheim, Germany

ジンスハイム博物館はミリタリーコレクターの集まりが発展し博物館となったもので、国や軍に依存していない。展示にはジオラマ仕立てのものが多い。

ここには走行可能なパンターA型がある。1985年には展示館中央にジオラマ仕立てで展示されていたが、その後レストアされて自走できるようになり、パレードなどに参加している。

Panzerkampfwagen V Ausf. A

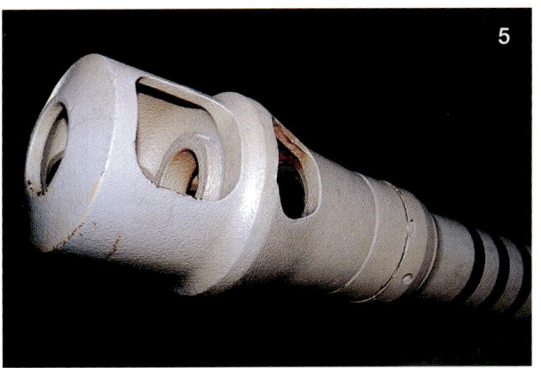

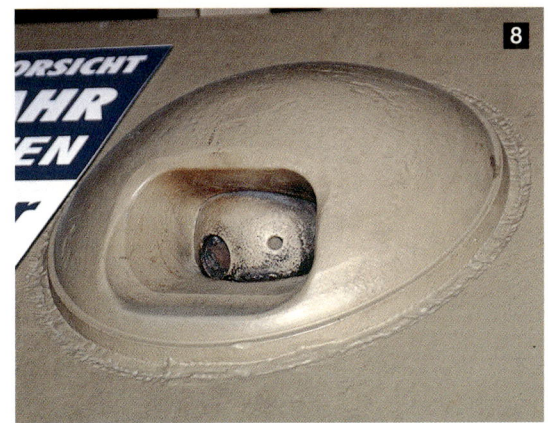

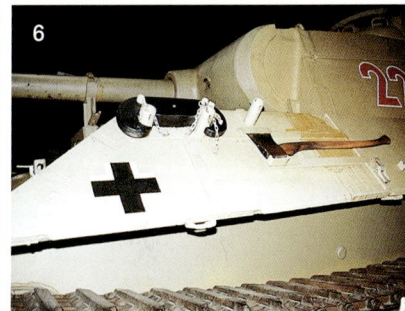

4 トラベルクランプの固定具が自転車のチェーン状であることがわかる一葉。無線手用の前面ペリスコープはA型から廃止されている 5 二重動作式のマズルブレーキ 6 車台右側に残された牽引用クレビスと斧 7 車台右側にはジャッキ台が残っている 8 A型以降の車台の特徴であるボールマウント式銃架 9 溶接部分から装甲の厚さを確認することができる 10 操縦手用前面クラッペのフタが失われているため、支持アームの形状がわかる 11 車台側面後部の裏側 12 転輪の形状はD型後期型と共通 13 ダイオラマ風の展示がされていたころの写真

写真／笹川俊雄
Photo : Toshio SASAGAWA

パンターA型
Panzerkampfwagen Ⅴ Ausf. A

ソミュール戦車博物館
Saumur Armour Museum, France

1 2 大戦後期に用いられた、3色迷彩に斑点模様を施したパンターA型 **3** エンジン点検ハッチ上の各種装甲カバーは紛失しており、アンテナ基部もパンターのものではない **4** 自走してパレード会場に向かう、もう1両のパンターA型。このパンターはダークイエロー一色だが、ツィンメリットコーティングも完璧なすばらしい一両である

■ソミュール戦車博物館
Samur Musee das Blindes, France
 膨大なコレクションを有するソミュールは、パンターも状態のよいものがそろっている。そのうちの1両のパンターA型は非常によくレストアされており、自走可能なものになっている。フランスで行なわれる記念軍事パレードに、この車両とティーガーⅡ型が交互に貸し出されているのが見られるのは7月最終土、日曜日のパレードである。パンターがじつに軽快に旋回できるのに驚きを感じる。

■ムンスター戦車博物館
Panzermuseum Munster, Germany
 ムンスターはドイツで唯一の【戦車博物館】を名乗る博物館で、スクラップの戦車も新品同様にまで復元するレストア能力は有名だ。ここに残るA型は指揮戦車仕様で、残念ながらOVM類はオリジナルではない。展示位置の関係で前面および側面しか撮影できない。

ムンスター戦車博物館
Panzermuseum, Munster, Germany

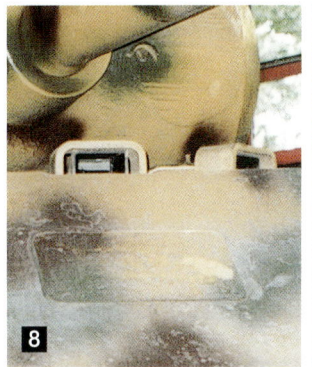

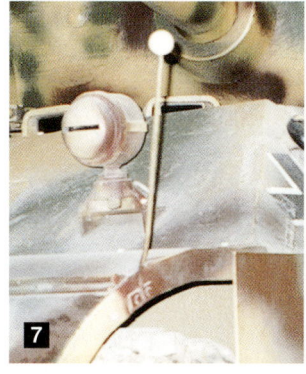

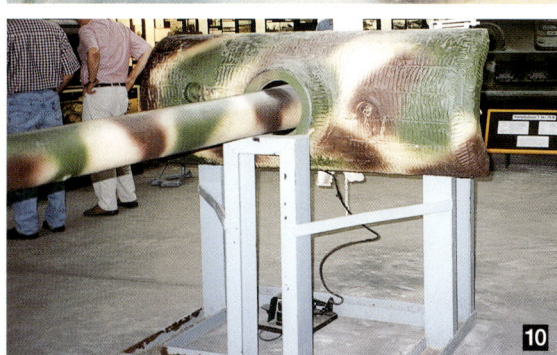

5 6 星形アンテナを装備した指揮車仕様のパンターA型。防盾上のフックはレストア時に装着されたものだろう。砲塔上の車長用指令塔に装着された対空機関銃架は実物のようだが、ほかの装備品は別物で、前部フェンダーも複製だ。また車体前面両側の前照灯（左）とノテックライト（右）は実物だが取り付け方法はまちがい 7 履帯接地面の摩耗からこの車両は自走することがわかる操縦手用に車幅指示ポールがつけられている 8 失われてしまうことが多いペリスコープもきちんと取り付けられている。9 A型から用いられたボールマウント機銃架。機銃は実銃である 10〜12 ムンスターではパンターの主砲も別に展示している

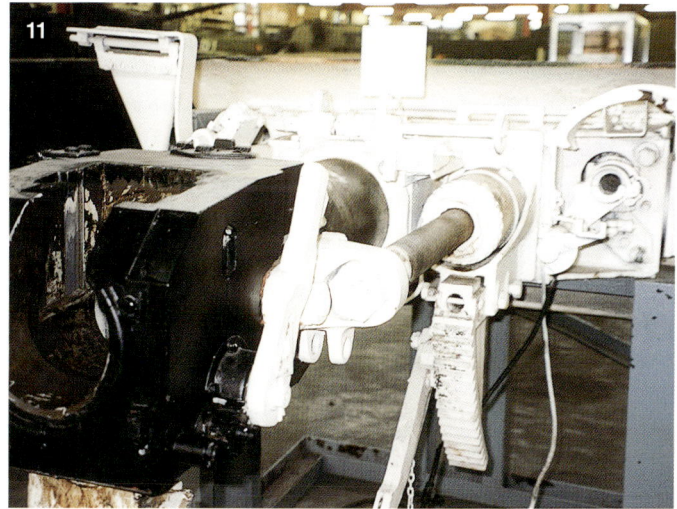

写真／笹川俊雄
Photo : Toshio SASAGAWA

パンターA型
Panzerkampfwagen V Ausf. A

ボーデン陸軍博物館
Borden Military Museum,Canada

❶木陰にたたずむパンターA型。博物館に展示されていると言うよりは、公園のモニュメントといった感じである ❷雑具箱や排気管などは失われ、ジャッキ固定金具もひしゃげてしまっている。木漏れ日が降り注ぐ中に静かにたたずむ後ろ姿に哀愁がただよう ❸車体の側面からはこれまで紹介したA型と同様、車体下部側面にツィンメリットコーティングが残っている。履帯連結用のピンがはずれている部分があることもわかる ❹車両名を記した小さな立て札。車両についての解説などは何もされていない。有名な戦車とはいえ、少々寂しい

■ボーデン陸軍博物館
Borden Military Museum, Canada
　カナダ最大の都市、トロントの西方120kmにあるカナダ陸軍ボーデン基地内の陸軍博物館にパンターA型が存在する。この車両はノルマンディー戦で、カナダ軍に捕獲された車両であるという。広い敷地内に40両以上の戦車があるわりには管理人が存在せず、乗車するなどして自由に撮影することができた。塗装は博物館側が行なったものでグレー1色。OVMはすべて失われているほか、あちこちから錆が浮き上がっている。

5 砲塔上面ベンチレーター。ペリスコープは失われ、近接防御兵器の発射口は鉄板で塞がれてしまっている（画面左上） 6 ダストビン型のものにかわり、A型から搭載された新型キューポラ。目視照準器（手前の三角形の金具）も残されている。後方には道路に面してチャーチルやT-34が展示されているのが見える 7 アンテナ基部はA型の特徴である半月型の筒状のもの 8 エンジンハッチ上にストッパーがないことからA型初期の車台と思われる 9 後部フェンダー基部が確認できる。転輪には機銃弾を被弾したのか、何かにぶつかったのか、えぐれたような痕跡がある。 10 ボールマウント式機銃架には土が詰まってしまっている 11 OVMは基部が残っているだけだ 12 係員などは存在しないので、このようなアングルからでも自由に撮影できる。スイングアームを確認することはできるが、履帯は土のなかに埋まってしまっている

Panzerkampfwagen V Ausf. G
パンターG型

写真／笹川俊雄
Photo : Toshio SASAGAWA

G型は、パンターシリーズの改良・決定版で、1944年3月から終戦1ヶ月前の1945年4月まで3,126両が生産され、大戦末期のドイツ軍戦車隊の主力戦車となった。8両が現存するが、うち1両はパンターⅡ車台

パンターG型
Panzerkampfwagen V Ausf G

武装：7.5cm KwK42 L/70×1
　　　7.92mm MG34×2
乗員：5名
重量：45.5t
最高速度：46km／h

オーバールーン 国立戦争博物館
National Ooralogsen Verzetmuseum Overloon, Holland

●パンターG型
パンターG型は前、後期型あわせて3000両以上と、パンター系列のなかでは最大の数が生産されている。側面、底面装甲が分厚くなり、後期型の砲塔に見られる防盾下部にふくらみをもたせた「アゴつき防盾」といった装甲形状の変化など、防御面での改良が施された。また、それに準じて車重はA型より約1t増しとなっている。G型前期型はG型車体にA型の砲塔を搭載しており、そこから様々な改修が加えられていったため、G型後期型のアゴつき防盾のように特徴的な外観を持つまでは車種の判別がしにくいものとなっている。残存しているパンターG型8両のうち3両がバルジ作戦のモニュメントとしてフランス～ベルギー国境のアルデンヌの森に横たわっている（すべてG型前期型）。

■オーバールーン国立戦争博物館
National Ooralogsen Verzetmuseum Overloon, Holland
マーケットガーデン作戦時、ナイメーヘンにおいてオランダ史上最初で最後の戦車戦が行なわれた。オーバールーン博物館はこのナイメーヘンの28km南方にあり、マーケットガーデンで遺棄された車両が中心に集められている。私がここを訪れたとき、ちょうどパンターG型の塗装作業が行なわれていた。このような場面に立ち会えることはなかなかないだろう。

■RAC戦車博物館
RAC Tank Museum, UK
ボービントンのパンターは、終戦直後にダイムラーベンツの工場に残っていた資材をイギリスに運び込んで組み立てた、最後期の特徴を備えた車両の1両だという。

■アメリカ陸軍兵器博物館
U.S. Army Ordnance Musum, Aberdeen, USA
バルジ作戦時にパイパー戦闘団に属したティーガーⅡとともに米軍に鹵獲されたG型後期型。写真❾左後方のG型前期型はこの写真の撮影後にコブレンツ博物館に寄贈された。

❶パンターをすっぽり覆う巨大なテントのなかで塗装作業が行なわれている。履帯の錆はすっかり落とされ新品同様だ。前面装甲板には多数の被弾痕があるが、すべて弾いている。この車両は後部に1発喰らってエンジンが故障し遺棄されたらしい ❷塗装中のためかOVMは見あたらない ❸スタッフたちの前に大きなターレットナンバーの型紙が置かれている。戦時中もおそらくこのような型紙を用いてマーキングを施したのだろう

RAC戦車博物館
RAC Tank Museum

4 砲塔には1/1のフィギュア(マネキン)が乗せられており、パンターの大きさが把握できる。パンターは中戦車に分類されることも多いが、とてもそうとは思えない大きさだ。うしろにはⅡ号戦車L型ルクスの姿もある 5 OVMラックの留め具やクリーニングロットケースの内部が確認できる 6 シュルツェンには光と陰迷彩が施されている。予備履帯は定数が取りつけられている 7 後部雑具箱はオリジナルで、最後期型独特のリブが見える。排気管は消煙フィンつき 8 ティーガーⅠ、Ⅱに挟まれて置かれているパンター。機関室上面には温風式ヒーターユニットが取りつけられていることがわかる

アメリカ陸軍兵器博物館
U.S. ARMY Ordnance Museum, Abardeen Prouing Grownd, USA

9 以前は砲塔左側面装甲が切り取られ、内部を見ることができるように展示されていたが、現在は鉄板でふさがれている。ライトやOVMの取りつけ金具も失われている。ほかの博物館のように迷彩塗装は再現されておらず、グレー1色で統一されている 10 G型後期型のもっともわかりやすい特徴である【アゴつき防盾】。アゴ部分の最厚部は200mmはありそうだ(中央部は110mm)

写真／笹川俊雄、編集部
Photo : Toshio SASAGAWA & Editorial Staff

赤外線探照灯つきパンターG型
Panzerkampfwagen V Ausf. G with Infra-red night vision

コブレンツ国防技術博物館
BWB Wehrtechnische Stubiensammlung
Koblenz, Germany

1 3色迷彩もしっかりと再現されたパンターG型。赤外線探照灯はごく少数の車両に取りつけられたものだったが、夜間戦闘においての効果は絶大だったという。奥にはSタンクの姿も見える **2** 赤外線探照灯以外にもほとんどの車外装備品がそろっていて良好な状態。多数の戦車が隙間なく置かれているので撮影アングルは限定されてしまうのが残念 **3** 砲身のキルマークまでもが再現されている。右奥にはT-34/85が見えるほか、さまざまな車両が雑然とならべられている

■**コブレンツ国防技術博物館**
BWB Wehrtehise Studiensammlung
Koblenz, Germany

10数年前にアバディーンからドイツへ寄贈されたG型前期型は、赤外線探照灯つき戦車へとレストアされた。この探照灯は模型では色が赤に指定されていたりするものもあるが、実際にはこの写真のような紺青色となっており、コブレンツ博物館のスタッフも「このライトこそがオリジナルである」と言っている。

G型の最後期型仕様のものを搭載している。転輪は鋼製転輪仕様で、履帯はティーガーIIの鉄道輸送用と同じものを使用しているのが特徴。この車両は実動し、数年前の独立記念式典でも走行する姿を見ることができた。もう1両はフンメル、III号戦車とともに屋外に展示されているG型初期型だが、とくにレストアもされず展示されているので、状態はよくない。

■**パットン戦車博物館**
Patton Museum of Cavalry and Armor,
USA

パットン戦車博物館には2両のパンターがある。そのうち1両は、パンターIIに進化する予定だった車台のプロトタイプで、砲塔はミヤホールに展示されている。

■**RCA戦車博物館**
RAC Tank Museum, U.K.

パンターF型、またはパンターIIに搭載される予定だったシュマールトゥルム（小型砲塔）。英軍の射撃試験の標的になったあとに放置され無惨な姿をさらしていたが、最近では錆も落とされずいぶんましになった姿でタミヤホールに展示されている。

80

パンターII型試作車台
Panther II Prototype

パットン戦車博物館
Patton Museum Fortnox, USA

4 G型最後期型砲塔の側面には偽装具装着用の金具が設けられている 5 G型砲塔のため外見上はパンターG型と大差ないが、車体前面、側面の装甲厚はG型の車台より10mmずつ増厚されている 6 最後期型のキューポラは対空機銃架用レールがないめずらしいもの。左に見えるポストが新型対空機銃架用の基部 7 起動輪はティーガーIIのものに似ているが歯数が違う。履帯はティーガーII鉄道輸送時のものと同じもので、履帯幅は従来のパンターと同じ660mm

シュマールトゥルム
Schmalturm

RAC戦車博物館
RAC Tank Museum

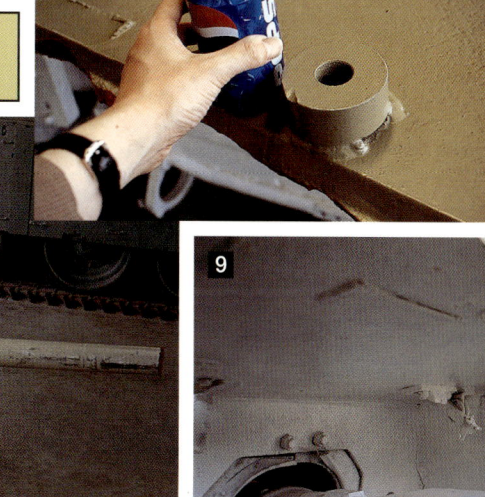

8 天板ピルツをジュース缶と比較してみた。1/35ではミリ単位のものだが、やはり本物は何トンという重量を支えるだけあって分厚い 9 砲塔内部。中央に見える穴はステレオ式測遠器が入る部分である 10 装甲が張り裂けた痛々しい姿だが、60年前のものとは思えない洗練された形状であることがおわかりいただけると思う

Panzer-Bergegerät (Panther Ⅰ) (Sd.Kfz.179)

ベルゲパンター

写真／笹川俊雄
Photo : Toshio SASAGAWA

ティーガー、パンターといった大重量の戦車を回収、牽引するためには既存の半装軌車では能力不足で、主力戦車パンターの車体をベースにした戦車回収車が作られた。これがベルゲパンターで、347両が生産され、現存するのは1両のみ

#25

ベルゲパンター
Panzer-Bergegerät (Panther Ⅰ) (Sd.Kfz.179)

武装：2cmKwK38×1
　　　7.92cmMG34×1
乗員：5名
重量：43t
最高速度：46km/h

ソミュール戦車博物館
Saumur Musee des Blindes

1 車体形状からG型車台をベースにしたものであることがわかる。前面先端には、回収する車両を押すためのプレートがついている 2 車体左側。本車は75㎜砲を搭載していないためクリーニングロッドケースがないが、その場所には牽引用クレビスのラックが取りつけられている 3 2cmKwK（戦車砲）を上方より見る。大きめの防盾だが、厚さはそれほどではない。操縦席はオープントップになっている 4 5 車体内部に搭載されている40tウィンチは、取りはずされて車体のすぐ近くに展示されている

her Ⅰ)(Sd.Kfz.179)

6 上面は板張りになっている。この中にウィンチが入っているのだが、ここに荷物を載せ、輸送車両として使うことも可能であった 7 排気管のあいだにあるワイヤーガイド。二つのローラーのあいだを通ったワイヤーは駐鋤（スペード）のコントロールのために使われるが、残念ながら駐鋤は取りはずされてしまっている 8 車体前部上面。装甲板の角が落とされているのがわかる。9 2tクレーンの支持架。反対側にも同じものがある。10 車体後部のワイヤー伝達孔。このすぐ内側にウィンチが搭載されている

●ベルゲパンター

ティーガーやパンターは、それ以前のドイツ軍では考えられないような重戦車であり、これらを円滑に回収できる装備が不足していた。そこで、パンター戦車をベースとした戦車回収車両［ベルゲパンター］を作ることになった。こうした戦車回収車両は、Ⅲ号、Ⅳ号戦車からは297両が作られたが、現在残る車両はソミュール博物館に残るベルゲパンター1両のみである。

■ソミュール戦車博物館
Saumur Musee das Blindes, France
ソミュール博物館にただひとつ残されているベルゲパンターはG型車台をベースとしたものである。主武装である2cmKwK（戦車砲）も装備され、レストアもほぼ完璧な仕上がりとなっている。

83

Jagdpanther (Sd.Kfz.173)
ヤークトパンター

写真／笹川俊雄　協力／辻 壮一
Photo : Toshio SASAGAWA

#26

高い機動力と装甲防御力を誇るパンターの車台に最強の対戦車砲71口径8.8cmPak43を搭載したヤークトパンターは、第二次大戦最良の対戦車兵器という評価を受けている。ここで紹介している以外に、RAC博物館、帝国戦争博物館、トゥーン戦車博物館にも残っている（P2に写真）

アメリカ陸軍兵器博物館
U.S. ARMY Ordnance Museum, Abardeen Prouing Grownd, USA

クビンカ戦車博物館
MIBIT Reserch Collection, Kubinka, Russia

ヤークトパンター
Jagdpanther (Sd.Kfz.173)

- 武装：8.8cm Pak43/L71×1
  7.92mmMG34×1
- 乗員：5名
- 重量：46t
- 最高速度：46km/h
- 装甲：25～80mm

1 アメリカ陸軍兵器博物館（アバディーン）に展示されているヤークトパンター後期型。工具類は失われているが、ラックは残っているのはありがたい

2 クビンカ戦車博物館に展示されている車両。車体の塗装がオリジナルでないのが残念である

●SdKfz173 "ヤークト・パンター"
パンター車台に長砲身8.8cm71口径対戦車砲を搭載した重駆逐戦車。生産台数は417両で、6両が現存している。

■クビンカ戦車博物館
NIBT Reserch Collection,Kubinka,Russia
主砲が後座した状態で、ロシア軍に捕獲された車両。ライトはロシア製のものが装着されている。

■アメリカ陸軍兵器博物館
U.S.Army Ordnance Museum, Aberdeen Prouing ground,Maryland,U.S.A
ここでは、MNH製1944年12月生産車を屋外に展示している。

■ソミュール戦車博物館
Saumur Armour Museum,France
ツィンメリットコーティングは車体後部のぞきレストア時に施されたもの。

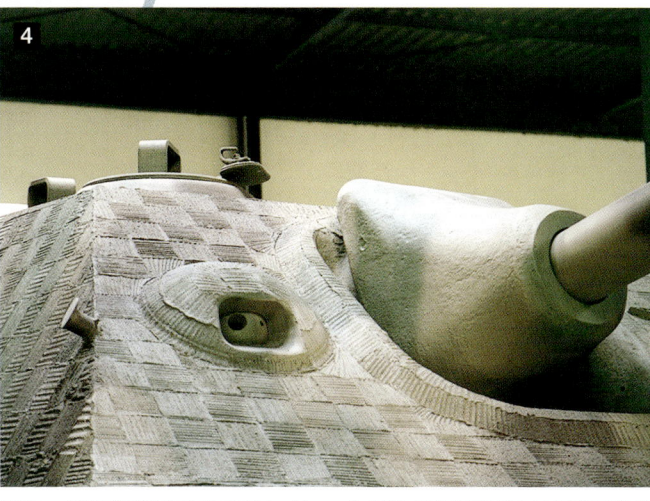

Jagdpanther (Sd.Kfz.173)

ソミュール戦車博物館
Saumur Musee des Blindes

③ソミュール戦車博物館に展示されているヤークトパンター初期型。現存する初期型はここソミュールとイギリスの帝国戦争博物館に展示されている2両のみである ④プロトタイプから初期型で採用された防盾部装甲カラー。鋳造式防盾（ザウコプフ）先端部の面取り部分は一体鋳造されている ⑤戦闘室後部の脱出/砲弾積み込みハッチと空薬莢排出ハッチ（右側の円形状のハッチ）のディテール ⑥接地面に「ハの字」のすべり止めがついた後期型履帯（形式はkgs64/660/150）すべり止めは摩耗してすり減っている ⑦1944年2月〜4月生産車両の車体後部。ジャッキが二本の排気管の間に取りつけられるようになった ⑧向かって左からエンジン点検ハッチ（残念ながら新設された牽引ホールドは失われている）、エンジン始動口カバー（人力用）、履帯緊張調整口のディテール

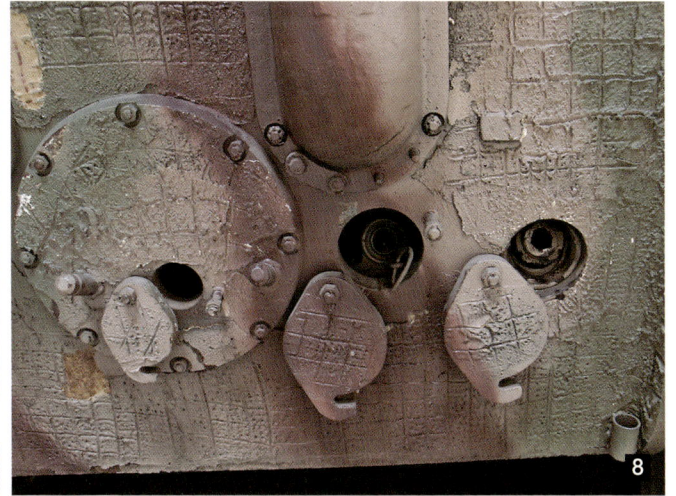

Panzerkampfwagen VI Ausf. E
ティーガーI 初期型

写真／笹川俊雄、柴田和久、土居雅博
Photo : Toshio SASAGAWA, Kazuhisa SHIBATA, Masahiro DOI

ドイツ軍でもっとも有名な戦車がティーガーI型重戦車であることは議論の余地がないが、その生産数は意外に少なく、1942年7月から1944年8月に1,354両が生産されたのみである。ゴムタイヤ付き転輪、ダストビン型キューポラを装備した初期生産型は2両が現存している

#27

❶大胆に側面装甲をカットしたティーガーI。戦車兵マネキンとともに展示されている。カットされた断面が赤く塗られており、その部分の装甲厚がわかる ❷砲身にはキルマークがあしらわれている。砲塔側面の四角い鉄板はオリジナルではなく、おそらくは被弾孔を塞いだものだろう ❸牽引ワイヤー以外の装備品は取りつけられていない ❹❺別の車両の切り取られた前面装甲およびボールマウント機銃架。その化け物じみた装甲厚がご理解いただけるだろう

ティーガーI 初期型
Panzerkampfwagen VI Ausf. E

武装：8.8cm KwK36 L/56×1
　　　7.92mm MG×2
乗員：5名
重量：57t
装甲：砲塔 25〜110mm、車体 25〜100mm
最高速度：38km/h

ジンスハイム自動車+技術博物館
Auto+Technik Museum, Germany

Panzerkampfwagen VI Ausf E

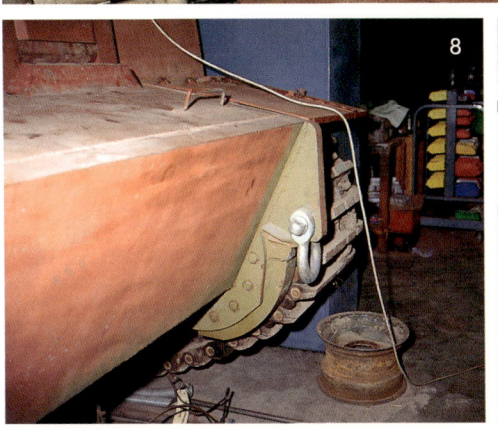

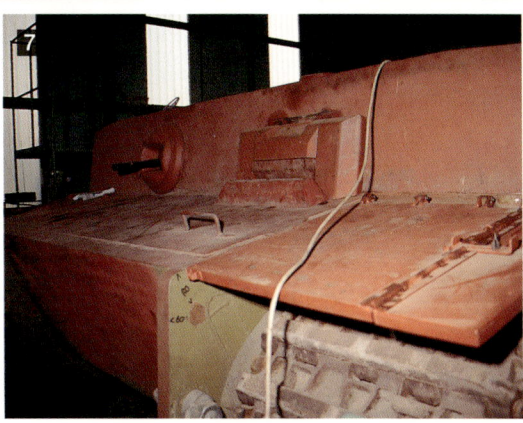

RAC戦車博物館
RAC Tank Museum

⑥レストア前にパンターほかドイツ重戦車群とともに展示されているティーガーⅠ ⑦プライマーが塗られたレストア中の車体前部 ⑧前部シャックル。50tもの車体を牽引するだけあって子供の腕ほどの太さがある鉄の棒で作られている ⑨前部フェンダー。鉄板が箱組みになっているのだが、大人が乗っても曲がるような厚さではないし、大人が両手でやっと起こすことができる重さなのである ⑩車体後部の履帯交換用工具箱ホルダー

[11] ターレットリングから前方内部を覗く。底面には左右両車輪分のトーションバーが短い間隔で並んでいる [12] ターレットリングから後方内部を見る。本来3本あるうちの消火器が1本装着されている [13] 巨大なマイバッハHL230エンジン [14] タラップの階段は6段。戦車兵はこのタラップなしに、よくあっという間に乗り込んでいたものだ [15] ライトコードの取り出し部。亀の甲羅状の面のある形状である。[16] 燃料タンクはラジエーターに空気を送るため斜めの形状 [17] エンジン点検ハッチ上のフタの裏。模型では見えないがこのような形状になっている [18] エンジンルーム。ちょっとしたバスタブ並の大きさだ [19] 履帯のすき間の草の詰まり方に注目。履板上面ではなく側面に詰まっている [20] 車台だけ展示されていた時期もあった。現在はレストアが完了して、毎年7月のタンクフェスタで元気に走る姿を見ることができる

● ティーガーI

ティーガーIの前身となる重戦車の開発は、開戦以前の1937年からでパンターよりも明らかに長い。いわゆるT-34ショックで開発が急速化し、ヘンシェル社とポルシェ社による開発競争のすえ、ヘンシェル社案が採用された経緯については戦車ファンならばだれもが聞いたことがあるであろうエピソードだ。ティーガーIは1942年5月20日ヒットラーの誕生日に試作車がお披露目、同年7月から1354両が生産された。それまでのドイツ戦車には見られない重装甲と強力な武装を備えたティーガーIだが、デザイン的には被弾経始を意識したパンターの形状とは違い、そ
れまでのI〜IV号戦車の純然たるドイツ戦車のイメージを受け継いだものとなっている。

● 世界に残るティーガーI

連合軍戦車にくらべれば圧倒的に少ない生産数のティーガーI、さらに常に最前線で戦い続けたことから、現在残存しているティーガーIはたったの5両でしかない。〈初期型が2両、中期型が1両、鋼製転輪を装備した後期型が2両〉うち4両は博物館に展示され、後期型の1両はノルマンディー海岸（Vimoutiers）のモニュメントとして展示されている。

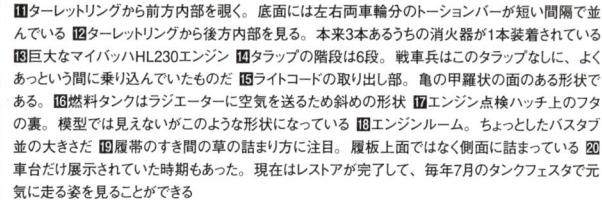

■ ジンスハイム自動車+技術博物館
Auto+Technik Museum Sinsheim, Germany

本車両は、1943年の北アフリカ戦線で米軍に捕獲された第501重戦車大隊の712号車であり、初めて連合軍に捕獲されたティーガーIである。アメリカ陸軍兵器博物館（アバディーン陸軍兵器試験場）で、左側面を開口し内部が見える状態で展示されていた。その後、故郷ドイツに返還され、展示されることになった。さらに現在はシュトルムティーガーと交換されコブレンツ博物館に展示されている。戦場のみならず世界の博物館を駆け巡った、数奇な運命のティーガーIである。

Panzerkampfwagen VI Au

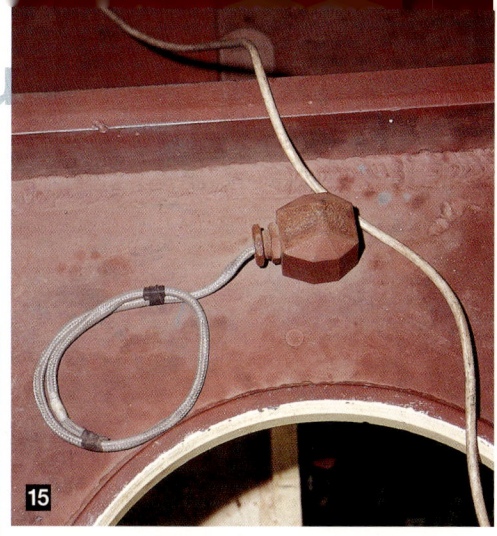

■RAC戦車博物館
RAC Tank Museum, U.K.
このティーガーI初期型は1943年の北アフリカ戦線で、英軍によって捕獲された第504重戦車大隊の131号車である。筆者が訪れたときは車体のみが展示されていた。現在では再び砲塔を載せてレストアが完成している。自走可能なティーガーIは世界でこの車両だけである。

#28

Panzerkampfwagen VI Ausf. E
ティーガーI 中期／後期型

写真／笹川俊雄
Photo : Toshio SASAGAWA

ティーガーI重戦車は生産途中に改良・改修が加えられて、装備の違いによって初期・中期・後期の生産タイプに分類される。現存する5両のティーガーIのうち、中期型は1両、後期型が2両である

ティーガーI 中期型
Panzerkampfwagen VI Ausf. E

武装：88mm KwK36 L/56×1
　　　7.92mm MG34×2
乗員：5名
重量：57t
装甲：砲塔 25～110mm、車体 25～100mm
最高速度：38km/h

クビンカ戦車博物館
MBIT Reserch Collection, Kubinka, Russia

1 博物館と言うよりは巨大な戦車ガレージといった様子のクビンカ兵器試験所博物館 **2** ペリスコープ式新型キューポラを装備した砲塔。ベンチレータは砲塔中央に移設された **3** 機関室上面。冷却水注入口のフタがはずれている **4** 重厚な防弾カバーつき視視孔 **5** 後部雑具箱とタバコの箱との比較 **6** 中期型までのシャックル受部形状

ティーガーI 後期型
Panzerkampfwagen Ⅵ Ausf. E

武装：88mm KwK36 L/56×1
　　　7.92mm MG34×2
乗員：5名　重量：57t
装甲：砲塔 25〜110mm、車体 25〜100mm
最高速度：38km/h

ソミュール戦車博物館
Saumur Musee des Blindes

7ツィンメリットコーティングが再現されたソミュールの後期型 **8**無線手ハッチ裏側 **9**マズルブレーキ。最近の模型では内側のリングまで再現されている **10**装填手用ペリスコープ **11**車長用キューポラ。スライド開閉式のハッチは、前線の戦車兵からも要望が多かったという **12**機関室上部。クビンカのティーガーと比べると、中央の通気口カバーの形状に変更があることがわかる **13**履帯は鉄道輸送用の幅の狭いものが装着されている **14**足周り内側にはノコギリ状のモールドが確認できる

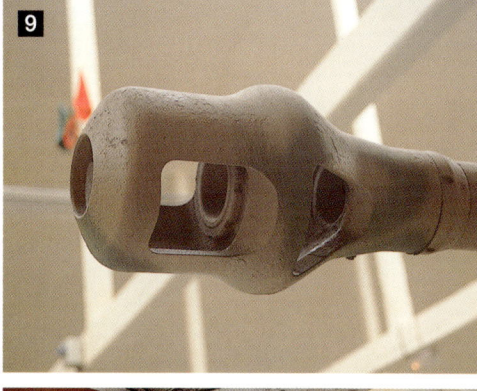

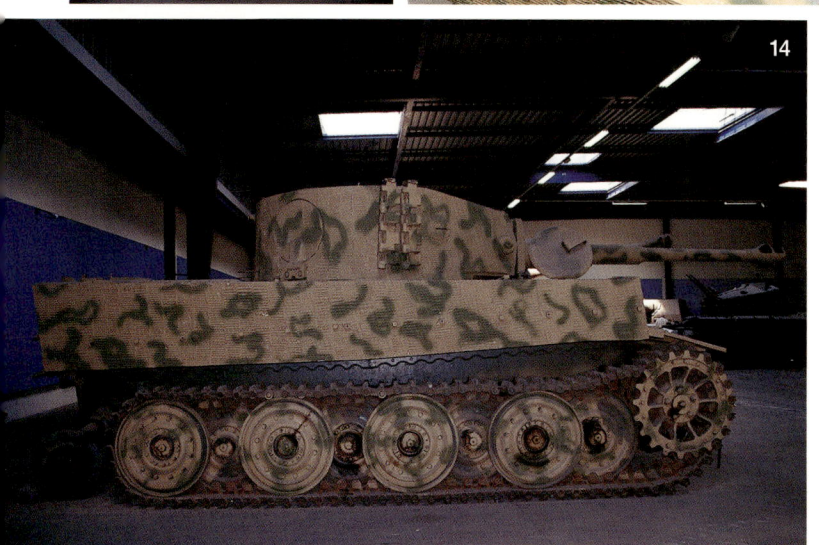

■クビンカ戦車博物館
NIBIT Research Collection, Russia
1943年7月から生産された、ペリスコープ式のキューポラをもつ新型砲塔を搭載した［中期型］に分類されるティーガーI。装備品はすべて失われ、ライトはロシア製、機銃は鉄パイプと状態は悪いが、残存する唯一の中期型として貴重な1両である。

■ソミュール戦車博物館
Saumur Musee des Blindes, France
1944年8月のノルマンディーにおいて、連合軍に撃破された3両のドイツ軍第503重戦車大隊の車両のうち、比較的程度がよかった1両。ギアボックスが破損し、動かせなかったためノルマンディー海岸にモニュメントとして展示されていたが、その後、鋼製転輪の採用などを特徴とする［後期型］として、ここソミュールでレストアされた。

12.8cm Sf.L/61 (Pz.Sf.V)
12.8cm61口径自走砲（Ⅴ号装甲自走砲）
38cm Sturmmörserwagen [Sturmtiger]
38cm突撃臼砲（戦）車"シュトルムティーガー"

ティーガーⅠ重戦車の派生型としてもっとも有名なものが38cmロケット砲を搭載したシュトルムティーガーで、2両が現存。さらに、ティーガーの試作車両VK3001に12.8cm加農砲を搭載した自走砲が1両現存している

写真／笹川俊雄
Photo : Toshio SASAGAWA

クビンカ戦車博物館
MIBIT Reserch Collection, Kubinka, Russia

12.8cm61口径自走砲（Ⅴ号装甲自走砲）
12.8cm Sf.L/61 (Pz.Sf.Ⅴ)

武装：12.8cm KL/61×1
　　　7.92mmMG34×1
乗員：5名
重量：35t
装甲：15～50mm
最高速度：25km/h

1 クビンカ戦車博物館に展示されている世界で唯一のシュトゥーラー・エミール。鹵獲時には砲身に22本のキルマークが描かれていた
2 12.8cm加農砲の装填部。ラインメタル社が開発した砲身長61口径の12.8cm加農砲は、第二次大戦中において実戦部隊に配備された最強の対戦車兵器であった
3 側面30mmの装甲板で構成された車体。戦闘室の上面は開放式とされていた。戦闘室の床板などの装備品はほとんどが失われている

12.8cm Sf.L/61 (Pz.Sf.V)　38cm Sturmmörserwagen [Sturmtiger]

クビンカ戦車博物館
MIBIT Reserch Collection, Kubinka, Russia

38cm突撃臼砲(戦)車
[シュトルムティーガー]
38cm Sturmmörserwagen [Sturmtiger]

武装：5.4口径38cm
　　　61式ロケット発射機×1
　　　7.92mmMG34×1
乗員：5名　　重量：65t
装甲：26～150mm
最高速度：40km

4 クビンカ戦車博物館に展示されている車両。車体前面下部のボルト留増加装甲板が特徴。砲口の発射ガス排気孔は40個あるが、そのうち7箇所がボルトで塞がれている。前照灯基部はオリジナルだが前照灯自体はロシア製
5 オートテック・ミュージアムの展示車両。こちらはクビンカの車両と比較するとカウンターウエイトの形状が異なり、ガス排気孔は32個である
6 車体後部。排気管のカバーは失われている

● 12.8cm61口径自走砲(Ⅴ号装甲自走砲)
[ティーガー戦車をベースに車体を延長しラインメタル製12.8cm加農砲を搭載した自走砲。VK3001(H)車台をベースに車体を延長しラインメタル製12.8cm加農砲を搭載した自走砲。2両が生産され東部戦線において実戦に使用された。うち1両は、ほとんど無傷のままソ連軍に鹵獲された。トランペッターからも1/35でキット化されており "Sturer Emil"(シュトゥーラー・エミール)という愛称で模型ファンの間でも親しまれている。

■ クビンカ戦車博物館
NIBT Reaserch Collection, Kubinka,Russia
ここクビンカには、先にも述べたように東部戦線において1943年末にソ連軍によって鹵獲された12.8cm自走砲が展示されている。わずか2両しか生産されなかったうちの1両が現存していること自体が奇跡的なことで、たいへん貴重な一両であるといえる。

● 38cm突撃臼砲(戦)車
[シュトルムティーガー]
海軍の対潜水艦攻撃用に開発された38cm口径ロケット臼砲をティーガーI型戦車に搭載した自走砲。生産台数は10両程度といわれ、一両一両の仕様が異なり微妙に形状が異なる。

■ クビンカ戦車博物館
NIBT Reaserch Collection, Kubinka,Russia
ここに展示されている車両はプロトタイプで、ワルシャワ蜂起鎮圧戦投入の際に主砲、転輪などに改修を受けたものらしい。車体は初期～中期型初期仕様がベースのようだ。

■ ジンスハイム自動車+技術博物館
Auto+Technic Museum, Sinsheim, Germany
以前はコブレンツに展示されていた車両。クビンカの車両と比べると防盾、カウンターウエイトの形状や砲身内側に刻まれたライフル溝(9本)、ガス排気孔の数(32個)が異なる。

ジンスハイム自動車+技術博物館
Auto+Technik Museum, Germany

Panzerjäger Tiger Ausf.B Jagdthiger (Sd.Kfz.186)
ティーガー戦車駆逐車B型 "ヤークトティーガー"

#30

写真／笹川俊雄
Photo : Toshio SASAGAWA

ヤークトティーガーは、ティーガーIIの車台を延長して最大装甲250mm重装甲戦闘室に12.8cm対戦車砲を搭載した、第二次大戦最強の駆逐戦車である。1944年7月から1945年3月に77両が生産され、3両が現存している

クビンカ戦車博物館
MIBIT Reserch Collection, Kubinka, Russia

ティーガー戦車駆逐車B型［ヤークトティーガー］
Panzerjäger Tiger Ausf.B Jagdthiger (Sd.Kfz.186)

武装：12.8cm Pak44 L/55×1
　　　7.92mm MG34×1(車体用)
　　　7.92mm MG42×1(対空用)
乗員：6名
重量：70t
装甲：40〜250mm
最高速度：38km/h

1 クビンカ戦車博物館の1945年4月に生産された最後期型の車両。トラベルクランプが残っている車両はかなり珍しい **2** アメリカ陸軍兵器博物館に展示されている車両。迷彩塗装はやり直され、オリジナルでないのが残念だ **3** この展示車両には車体前面に被弾跡が残っている **4** 被弾によるためか、トラベルクランプは片方の基部ごと失われている

● ティーガー戦車駆逐車B型［ヤークトティーガー］

ティーガーII戦車をベースにした重駆逐戦車。本来の8.8cm砲を搭載したティーガーIIよりも砲全長の長い12.8cm砲を搭載するため、車台は約30cm延長されている。懸架装置が異なるポルシェ社製とヘンシェル社製の2種類が存在する。

■クビンカ戦車博物館
NIBT Reaserch Collection,Kubinka,Russia
ここでは1945年4月に生産された後期型の第83号車が展示されている(1945年型の正確な生産台数は不明)。リブ付きの前部フェンダーなど後期型の特徴が見られる。

■アメリカ陸軍兵器博物館
U.S.Army Ordnance Museum,Aberdeen Prouing ground,Maryland,U.S.A.
こちらではクビンカの車両とは対照的にヘンシェルタイプの生産第20号車（初期型）が展示されている。車体前面の被弾跡が生々しいが、貫通孔は一箇所も見られない。

■RAC戦車博物館
RAC Tank Museum, Dorset, UK
ここボーヴィントン戦車博物館では、貴重なポルシェ式懸架装置装備の生産4号車（車体番号35004）が展示されている。

94

...iger (Sd.Kfz.186)

RAC戦車博物館
RAC Tank Museum, Sorset, UK

5 ティーガーIIポルシェ製砲塔搭載と同型の18枚歯起動輪。ポルシェ製転輪はフェアディナントと同様に二枚一組になっている 6 ハウシュテンベック実験場でイギリス軍に捕獲されたポルシェ式走行装置装備の生産4号車。捕獲時には車体とフェンダーにツインメリットコーティングが施されていた。ポルシェ式懸架装置は最初の10両までに装備され、それ以降はヘンシェル社式懸架装置を装備した車両が生産された 7 ポルシェ製誘導輪。履帯はティーガーIIポルシェ製砲塔搭載と同型のGg24/800/300 8 エンジン点検ハッチが外された機関室上面。ちらりと見える砲尾部や、点検ハッチから見える範囲ながら、エンジンルームのディテールが確認できる

アメリカ陸軍兵器博物館
U.S. ARMY Ordnance Museum, Abardeen Prouing Grownd, USA

Panzerkampfwagen VI Ausf. B

ティーガーII

写真／笹川俊雄、斎木伸夫
Photo : Toshio SASAGAWA, Nobuo SAEKI

ティーガーI重戦車の後継車として、最大180mmの重装甲、71口径8.8cm砲という強力な主砲を搭載して作られたのが、ティーガーII重戦車である。第二次大戦最強の重戦車であったが、大戦末期に登場したため489両が生産されたのに止まった。現在はそのうちの8両が保存、展示されている

RAC戦車博物館
RAC Tank Museum

ティーガーIIポルシェ砲塔型
Panzerkampfwagen VI Ausf. B
(Porsche Turret)

武装：8.8cm KwK43 L/71×1
　　　7.92mm MG34×2
乗員：5名　重量：68t
装甲：砲塔60〜110mm、車体40〜150mm
最高速度：35km/h

1. 第2転輪ははずされ、クッションの上に置かれている。起動輪は試作車と最後期型のみが使用していた18枚歯のもの
2. 砲塔側面からはいかにもショットトラップが生じそうな形状であることがわかる。携帯電話のマークのような立て札はイヤホンで解説が聞けることを示す。走行音も聞くことができる
3. 履帯は、試作車と最後期型のみが装備していた18枚歯起動輪用である
4. 1枚だけ残るフェンダーはオリジナル。意外に薄く感じるが、7mm程度の厚みがあるしっかりしたもの
5. 照準孔をのぞく。三重もの段差がつけられているのがわかる

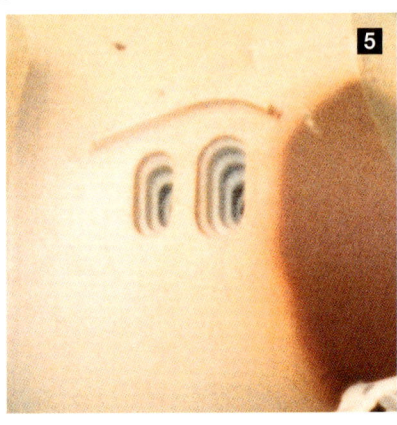

トゥーン戦車博物館
Panzermuseum Thun, Switzerland

ティーガーIIヘンシェル砲塔型
Panzerkampfwagen VI Ausf. B (Henschel Turret)

武装：8.8cm KwK43 L/71×1
　　　7.92mm MG34×2
乗員：5名　重量：68t
装甲：砲塔60〜110mm、車体40〜150mm
最高速度：35km/h

⑥砲身先端が吹き飛んだように無くなっている ⑦本車両はドイツ重戦車コーナーにパンター、ヤクトパンターと並べて展示されている ⑧ダークグリーンの迷彩塗装はかなり荒々しくいいかげんなものだが、ライプシュタンダルテの二つ鍵のマーキングはしっかりと描かれている ⑨予備履帯が一組だけ残された砲塔側面 ⑩排気管カバーや後部ハッチのピストルポートカバーなどは失われ、車外装備品もまったく残っていない

●ティーガーII

1944年2月から配備が始まったティーガーIIは、1号車から47号車までがポルシェ砲塔型、48号車からがヘンシェル砲塔型として、終戦まで計489両が生産された。第二次大戦世界最強戦車と呼ぶにふさわしい重戦車だ。

ポルシェ砲塔型は、砲塔防盾下部に当たった跳弾が、装甲の薄い車体天面に飛び込む欠陥、いわゆるショットトラップが指摘されていた。しかし、その時点ですでに砲塔は50個が完成しており、欠陥以上に深刻だった生産の遅れを回避するために、ポルシェ砲塔をヘンシェル車台に乗せたティーガーIIが作られることになった。ヘンシェル砲塔型は、砲塔前面面積が小さく防御力に優れた砲塔を採用しており、記録によれば前面から貫徹した砲弾は皆無であったという。

ティーガーIIは現在8両が残存し、戦車博物館に7両、1両がベルギーのラ・グレーズ歴史館にモニュメントとして展示されている。

■RAC戦車博物館
RAC Tank Museum, U.K.

このRAC戦車博物館のティーガーIIは、戦後にヘンシェル社のハウシュテンベック試験場で英軍に接収され、ポルシェ砲塔を搭載したティーガーII試作2号車（V2号車）であり、世界でただひとつのポルシェ砲塔搭載型である。以前はダークイエロー1色で、ターレットナンバーすらなかったが、現在では3色迷彩が施され、バルケンクロイツも描かれて展示されている。

■トゥーン戦車博物館
Panzer Museum Thun, Swizerland

アルデンヌ戦時にスイスに逃れたスイス軍に捕獲されたと言われていたが、戦後この博物館を所有する戦車学校がフランスより教材用として購入し、2両を合わせて1両として復元したものようだ。砲塔は後期型、車体は初期型となっている。

写真／笹川俊雄、トーマス・アンダーソン
Photo : Toshio SASAGAWA, Thomas ANDERSON

ティーガーIIヘンシェル砲塔型
Panzerkampfwagen VI Ausf. B (Henschel Turret)

ソミュール戦車博物館
Saumur Musee des Blindes

1前照灯がノテック式であることはご愛敬として、実働するまでレストアされ、ツィンメリットコーティング、迷彩、マーキングまでが施された同博物館の至宝と言える1両である **2**パレード走行中のティーガーII。戦車ファンならばぜひ一度は見ておきたい **3**回収、解体作業をしようとしていた米軍から地元住民がコニャック一本で交換したという話も有名な1両。貫通していない被弾痕が装甲の厚さを物語る

ラ・グレーズ歴史博物館
Historical Museum La Gleize, Belgium

ソミュール戦車博物館
Saumur Muse des Blindes, France

小社刊『パンツァーズ・アット・ソミュール No.1』の取材のおり、梅本 弘氏に同行して初めて自走するドイツ戦車を見たのがこのティーガーIIであった。前館長オブリー氏らが心血を注いでレストアしたもので、フランス革命記念日などの式典でいまでも豪快に走り、喝采を浴び続けている。

ラ・グレーズ歴史博物館
Historical Museum La Gleize, Belgium

ドイツとの国境近くのベルギー山中、ラ・グレーズの道路上（歴史博物館前）に、後期型のティーガーIIが置かれている。1944年12月22日のアルデンヌ戦時に撃破されたSS第501重戦車大隊の車両である。マズルブレーキはパンターのものも使ってレストアされているなど後づけのものも多いが、サイドフェンダーがすべてそろい比較的状態はいよいよに見える。砲塔は撃破されたときと同じ、1時方向を向いたままになっている。

帝国軍大学科学部付属博物館
Royal Military College of Science, Shrivenham, U.K.

イギリスは前回紹介したポルシェタイプに加え、このヘンシェルタイプの初期型も所有している。この車両は1944年8月、フランスで英軍に捕獲されたSS第101重戦車大隊の104号車で、車外装備品など一部がオリジナルでないことをのぞけば大変よく復元された1両。軍事大学構内であり、一般公開していない点が残念。(現在はボービントンに展示されている／編注。

パットン戦車博物館
Patton Museum of Cavalry and Armor, USA

アルデンヌ戦時、米軍に捕獲されたSS第501重戦車大隊の332号車である。長らくアバディーンに展示されていたが、レストア後、パットン博物館に移された。内部も確認できる興味深い1両である。

98

Panzerkampfwagen VI Ausf. B

パットン博物館
Patton Museum Fortnox, USA

4 同博物館の重戦車ホールの中央に置かれたティーガーⅡ。近くにはM47パットンやM26パーシングが置かれているが、この戦車の前には小さく見えてしまう

5 背面より。柵などがないので間近で見れるのがうれしい

6 パットン博物館では、毎年7月の4日、5日の独立記念日には走行可能な車両を動員して模擬戦を行なっている。当日参加したドイツ戦車兵の格好をした方々がポーズをとってくれた

7 アバディーンでの展示時に切り取られた側面装甲板にはアクリル板が貼られ、内部が見えるように展示されている

8 操縦席にはマネキンが乗せられている。ハッチと頭のあいだにはほとんどすき間がない

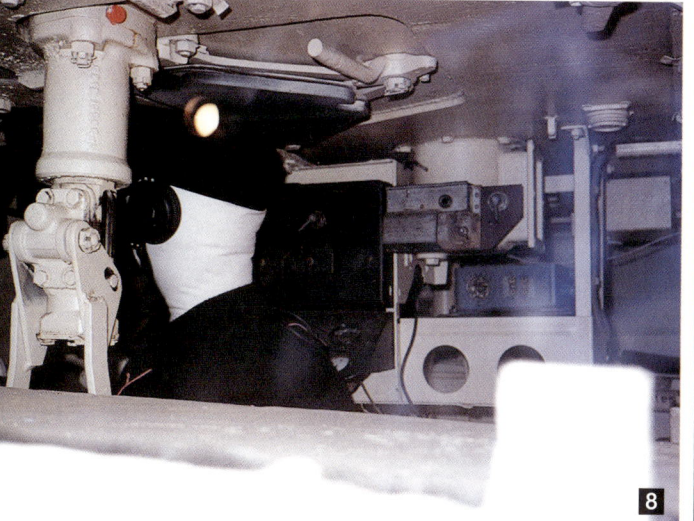

写真／笹川俊雄
Photo : Toshio SASAGAWA

ムンスター戦車博物館
Panzermuseum, Munster, Germany

ティーガーⅡヘンシェル砲塔型
Panzerkampfwagen Ⅵ Ausf. B (Henschel Turret)

1 もともと砲塔番号は121であるが、321号車となって展示されている
2 対空機銃架はレストアの際に新造されたもので、オリジナルではない

■ムンスター戦車博物館
Panzermuseum, Munster, German

米軍に捕獲され、アバディーン兵器試験場で調査されたあと、故郷ドイツのムンスターに帰ってきたSS第501重戦車大隊の121号車である。当時はツィンメリットコーティングが施されていたが、そこまではレストアされていない。初期型なのだが、大戦末期の斑点模様つき3色迷彩が施されている。

■クビンカ戦車博物館
NIBIT Research Collection, Kubinka

1944年8月にソ連軍に捕獲された第501重戦車大隊の002号車。中期に生産され、無線機が増設されたので指揮型となっている。無傷で捕獲されたので程度は悪くない。ドイツ軍の迷彩で塗り直せば素晴らしいものになるのだろうが、残念ながら博物館側が塗ったロシア戦車系ダークグリーンと白の奇妙な迷彩になっている。

クビンカ戦車博物館
MIBIT Reserch Collection, Kubinka, Russia

3 ヤークトティーガーの次、左から2両目がティーガーⅡ。左右にびっしりと巨大戦車が並び壮観ではあるが、撮影アングルが極端に限られてしまうのが残念だ

100

#32 Panzerjäger Tiger (P) für 8.8cm Pak43 L/71 [Elefant]
エレファント重駆逐戦車
Panzerjäger Tiger (P) für 8.8cm Pak43 L/71 [Ferdinand]
フェアディナント重駆逐戦車

写真／笹川俊雄
Photo：Toshio SASAGAWA

ティーガーIの競争試作に破れたポルシェ社製の車台90両ぶんが既に完成していたために、71口径8.8cm対戦車砲を搭載した重突撃砲に改装された。これがフェアディナント重駆逐戦車である。改修型エレファントとともに、2両が現存している

アメリカ陸軍兵器博物館
U.S. ARMY Ordnance Museum, Abardeen Prouing Grownd, USA

エレファント重駆逐戦車
Panzerjäger Tiger (P) für 8.8cm Pak43 L/71 [Elefant]

武装：8.8cm KwK L/71×1、7.92mm MG34（車体用）×1
乗員：6名　重量：65t
装甲：30〜200mm　最高速度：30km/h

クビンカ戦車博物館
MIBIT Reserch Collection, Kubinka, Russia

フェアディナント重駆逐戦車
Panzerjäger Tiger (P) für 8.8cm Pak43 L/71 [Ferdinand]

武装：8.8cm KwK L/71×1、7.92mm MG34（乗員用）×1
乗員：6名　重量：65t
装甲：30〜200mm
最高速度：30km/h

●ティーガー(P)重駆逐戦車
ティーガー(P)重駆逐戦車は、ティーガーIIとほぼ同様の強力な71口径88㎜砲と、当時のいかなる砲も貫くことのできなかった200㎜厚の前面装甲を持つ怪物的な戦闘車両である。ツィタデレ作戦に間に合うように1943年5月までに90両が生産された。同作戦では重装甲、重武装による鈍足さと内燃・電気複合式の機関部などの故障、近接戦闘の弱さなどの弱点が災いし39両が失われたが、582両ものソ連軍車両を撃破しし、本車両を捕獲したソ連軍からも高い評価を受けている。ツィタデレ作戦時には本車両はフェアディナントと呼ばれていた。1944年2月1日より呼称がエレファントに変更され、この時期には前方機銃の装備など改修が施されていた。初期型をフェアディナント、改修された後期型をエレファントと区別する場合が多い。現在、フェアディナントとエレファントはそれぞれ1両ずつが現存している。

■アメリカ陸軍兵器博物館
U.S. Army Ordnace Museum
イタリア戦線で米軍に捕獲された第653重戦車駆逐大隊102号車のエレファントで、機関の故障で放棄されたとのことだ。わずか90両しか作られなかったうちの現存した1両なのだ。せめて屋根だけでもつけて展示してほしいと思う。

■クビンカ戦車博物館
NIBIT Research Collection, Kubinka
ツィタデレ作戦時にポヌィリ駅でソ連軍に捕獲されたドイツ軍第653重戦車駆逐大隊の501号車のフェアディナントである。状態はあまりよくはないが、その巨大さには圧倒される。

4 ご覧のとおり野ざらしのエレファント。白く塗装し直されているがあちこちに錆が浮いている。砲の根本には大きな被弾痕があり、防盾も曲がっている。機関だけでも動かなくなってしまったことが想像できる 5 巨大なエレファントの履帯。後期型とされるもので、モデルカステンから発売される可動履帯SK-66と同様のもの 6 緑と白に塗りたくられたフェアディナント。足周りははみ出しも気にせず黒で塗りたくられている。屋根があるだけましなのかもしれないが…… 7 ティーガーII同様すき間なく並べられているので、撮影しにくい。もっとも現在では管理者が代わり、撮影すること自体難しいようだ。フェアディナントのとなりにはシュトゥーラー・エミールの姿も見える

Panzerkampfwagen 35(t)/38(t)
35(t)／38(t)戦車

写真／笹川俊雄、斎木伸夫
Photo : Toshio SASAGAWA, Nobuo SAEKI

1939年のチェコ併合によって多数のチェコ製兵器がドイツの手に落ちたが、なかでも戦車戦力の増強に役立ったのが、ドイツ名35(t)、38(t)と名付けられた2種類の軽戦車であった。当時のドイツ軍の主力I号、II号戦車より強力だったこれらの戦車は大戦初期の電撃戦で、ドイツ戦車隊の重要な一翼を担っていた

#33

アメリカ陸軍兵器博物館
U.S. ARMY Ordnance Museum, Abardeen Prouing Grownd, USA

35(t)戦車
Panzerkampfwagen 35(t)

武装：3.7cmKwK (t) L/40×1
　　　7.92mm MG37 (t) ×2
乗員：4名
重量：10.5t
装甲：8〜25mm
最高速度：35km/h

1 アバディーンのドイツ軍車両コーナーに展示されている35(t)戦車。4つの小径転輪が一組になったボギーを2組備えた足周り。誘導輪と転輪のあいだにもう一輪転輪が加えられているのがユニークだ。機銃は失われている

ブルガリア軍事博物館
Bulgaria Army Museum, Sofia

2 装甲板のフチを囲むように打たれたたくさんのリベット。モデラー泣かせの部分でもあり最大の見せ場でもあるだろう。この車両は破損がひどく、砲塔以外は錆びて車体は見るべくもない

● 35(t)戦車
第一次大戦後、チェコスロバキアがオーストリア/ハンガリー帝国から独立し、機械化部隊の設立に着手。装甲車、軽戦車、中戦車などが次々に開発され、そのうちシュコダ社によって軽戦車として開発されたのがLVtz.35戦車である。1939年3月15日、チェコスロバキアがドイツの保護領となり、その際チェコ陸軍より219両のLVtz.35戦車が接収され、35(t)戦車と改名された。

102

Panzerkampfwa

ルーマニア軍事博物館
Rumanien Army Museum, Bukarest

3 4 35(t)戦車の流れを汲むルーマニア軍R-2戦車。ほかの多くの博物館同様、雨ざらしの展示ではあるが、状態の悪い車両ばかりの35(t)戦車系列のなかではもっとも良好な状態のものが展示されている **5 6** 車体前面と後面。ぽっかりと開いた穴は機銃を取りつける場所である **7** 車体右側面。左側面とは打って変わって、砲塔には白フチの赤い字で書かれたターレットナンバーとともに王侯貴族や騎士団を思わせるルーマニア国章がマーキングされ、黒い車体と相まって見た目にも華やかだ。うしろに見える砲塔に青いラインの入った車両は、R-2戦車を改造しソ連軍の76.2mm砲を搭載したTACAM対戦車自走砲である **8** 機関室上にも大きなマーキングが施されている

●残存する35(t)戦車

40年2月、ドイツより同盟国ブルガリア、ルーマニアに輸出された35(t)戦車が大戦中を通して使用されている。そのため現存する4両のうち3両が東欧に展示されている。

ほとんどが第1軽師団(後に第6戦車師団)に配備され戦った。配備当初は信頼性が高い優良な車両として、ドイツ軍のⅠ、Ⅱ号戦車よりも好意的に受け入れられたが、東部戦線ではKV-Ⅰなどの強力な戦車が登場すると武装、装甲ともに実力不足となり、戦闘ではほとんどすべてが失われた。

■ルーマニア軍事博物館
Rumanien Army Museum, Bukarest

1939年以前にシュコダ社より輸入した35(t)戦車はR-2戦車として126両がルーマニア陸軍に在籍していた。現在ブカレストの軍事博物館に現存するものはR-2戦車であり、35(t)戦車とは車体後部の形状ぐらいしか識別点は見当たらない。

■ブルガリア軍事博物館
Bulgaria Army Museum, Sofia

1940年にドイツより26両が輸出され、ほかに10両がシュコダ社より引き渡され、計36両がブルガリア軍で使用されていた。ここには砲塔以外見られたものではない35(t)戦車が残っている。

■ベオグラード博物館
Surbien Beograd Museum, Yugoslavia

ベオグラード博物館に非常に状態の悪い35(t)戦車が残っている。元々はユーゴスラビア軍で使用されていた車両である。

■アメリカ陸軍兵器博物館
U.S. Army Ordnance Museum, Aberdeen

戦後、ほかのドイツ車両とともに性能試験のためドイツより持ちこまれたうちの1両。機銃や部品が失われているが、西側で見ることができる唯一の車両である。

写真／笹川俊雄、小田桐太郎
Photo : Toshio SASAGAWA, Taro ODAGIRI

ベオグラード博物館
Surbien Beograd Museum, Yugoslavia

1 2 車体の破損状態はひどく、フェンダーが破損しているほか、車体後部ハッチは失われ機関部もなくなっている

トゥーン戦車博物館
Panzermuseum Thun, Switzerland

38(t)戦車
Panzerkampfwagen 38(t)

武装：3.7cm KwK38（t）L/47.8×1
　　　7.92mm MG37（t）×2
乗員：4名
重量：9.85t
装甲：8〜50mm
最高速度：42km/h

●38(t)戦車

チェコスロバキアの軽戦車として採用されたシュコダ社のLTvz.35戦車だが、変速器のトラブルなどが原因で生産中止となり、新設計の軽戦車を作ることになった。そこで採用されたのがシュコダ社のライバル、CKD社の作ったTNH-S、制式名LTvz.38戦車である。しかし、生産開始から間もなくチェコスロバキアはドイツに併合。対ドイツ戦を想定して作られたこの戦車は、その高い性能がドイツ軍の目にとまり、メーカーはBMM社と名を変え、皮肉にもドイツ軍車両「38(t)戦車」として大量生産が開始されたのである。A型からG型およびS型まで1411両が生産、大戦が中盤に入ったころには対戦車自走砲に改造され、ドイツ軍の一員として終戦まで戦うことになる。前線で使い倒され、現存する38(t)は5両と少ないが、制式化される前のTNH戦車は各国に輸出されていたため、輸出先の博物館などでその姿を見ることができる。

■トゥーン戦車博物館
Panzer Museum Thun, Switzerland
スイス陸軍戦車学校敷地内には、多くのTNH戦車が残っているほか、スイス用に改造された38(t)戦車が残っている。

■チェコ軍事技術博物館
Museum of Military History, Czeco
この博物館にはヘッツアーからDANAまで、チェコ陸軍で使用された多くの車両があるが、2001年にオープンしたが、翌年の大洪水により被害を受け、最近再オープンした。ここにある38(t)は砲塔機銃が失われているが、走行できるまでにレストアされたB型である。

■ジンスハイム博物館
Auto Tech Museum, Germany
本場ドイツの博物館に存在する唯一の38(t)は、実車のシャーシを使って車体上部、砲塔はベニヤ板で作られた、映画撮影用のレプリカである。

Panzerkampfwagen 35(t)/38(t)

③スイス陸軍戦車学校玄関にモニュメントとして展示されている38(t)戦車の前身であるTNH戦車。黒地に赤白で国章が書かれ見映えがよい
④⑤学校内戦車博物館正面に展示されている38(t)スイス軍仕様。主砲や機銃、キューポラなどに違いがある
⑥38(t)戦車をベースにしたスイス軍仕様の対戦車自走砲。転輪が五つあることからわかるように車体が延長されており、ドイツ軍のマーダー対戦車自走砲シリーズなどとはまったく異なる車両である

チェコ軍事技術博物館
Museum of Military History, Czeco

■見事にレストアされた38(t) B型。チェコ陸軍の3色迷彩が施されている。先頭室前面の前照灯、フェンダー上のバックミラーはチェコ軍仕様である。砲塔機銃は失われ、開口部は鉄板でふさがれている

#34

Jagdpanzer 38(t) Hetzer
38(t)軽駆逐戦車ヘッツァー

写真／笹川俊雄
Photo：Toshio SASAGAWA

高い信頼性のあった38(t)戦車の部品を流用して、歩兵部隊用の装甲防御力があり自走可能な対戦車砲として開発されたのが、ヘッツァー軽駆逐戦車である。2,584両が量産され、戦後もG13という名称でスイス陸軍に採用されたので、現在でも各国で見ることができる

ボーデン陸軍博物館
Borden Military Museum, Canada

38(t)軽駆逐戦車ヘッツァー
Jagdpanzer 38(t) Hetzer

武装：7.5cm Pak39 L/48×1
　　　7.92mmMG34×1
　　　（リモコン式）
乗員：4名
重量：15.76t
装甲：20〜60mm
最高速度：42km/h

1 現存する3両のヘッツァー初期型のなかの1両が、ここボーデン陸軍博物館に展示されている。1944年6月に生産されたものでアルデンヌの戦いでカナダ軍に捕獲された車両である。残念ながら車両の状態はあまりよくない

ポーランド軍事博物館
Muzeum Wojska Polskiego, Warshawa, Poland

2 ポーランド軍事博物館に展示されている車両。右側面と全部は無傷のようだが、左側の履帯は失われている。防盾上部に"16"というナンバーが刻印されている

3 同じくポーランド戦車博物館の車両。命中弾を受け、破壊された左側面部分から内部を見る。ふだんは見ることのできない砲尾や変速機などが確認できるのは、モデラー的にはよかったのかもしれない

● 38(t)軽駆逐戦車ヘッツァー
第二次大戦末期のドイツ軍を代表するチェコ製38(t)戦車をベースにした駆逐戦車"ヘッツァー"。防御性は前面以外にはほとんどないとか、操作性が悪いなど欠点も多い車両ではあったが長砲身48口径75mm砲を搭載し、低いシルエットを活かした「待ち伏せ攻撃」で威力を発揮した。第二次大戦後もチェコ陸軍やスイス陸軍（G-13戦車）として生産によって使用されていることからもこの車両の優秀さがうかがえる。

Jagdpanzer 38(t) Hetzer

ムンスター戦車博物館
Panzermuseum, Munster, Germany

チェコ軍事博物館
Czechoslovakia military Museum, Czecho

RAC戦車博物館
RAC Tank Museum, UK

ベルトリンク・ラリーに出場したヘッツアー
Private collection Hetzer in WAR AND PEACE SHOW

4 戦後チェコ陸軍が接収した後期型。起動輪は外周に8ヶの孔が開いた試作型のものが用いられているというミステリアスな車両。側面のシュルツェンにはパルチザンによって描かれたマーキングが施されている 5 第272駆逐戦車連隊の233号車。かなり良好な状態で展示されている後期型 6 ジャーマングレイをベースにダークグリーン、レッドブラウン、ホワイトのラインを施し、捕獲時の塗装を限りなく再現したものだ 7 個人所有の後期型の車両

■ボーデン戦車博物館
Borden Military Museum, Canada
1944年6月にBMM社で生産されたヘッツアー初期型321042号車が展示されている。車体側面のシュルツェンは2枚のみが残っているが、状態はよいとはいえない。

■ポーランド軍事博物館
Muzeum Wojska Polskiego, Warshawa, Poland
初期型の車両が展示されている。車両の状態は左側面に数発の命中弾を受け左側から上部にかけて側面が吹っ飛んだ状態で展示されている。

■ムンスター戦車博物館
Panzermuseum, Munster, Germany
第272駆逐戦車連隊の233号車が展示されている。レストア後、かなり良好な状態で展示されている（後期型）。

■チェコ軍事博物館
Czechoslovakia military Museum, Czecho
戦後チェコ陸軍が手に入れた後期型。起動輪は外周に8ヶの孔が開いたタイプ（試作型）を装着している。主砲がなく防盾のみという点から火焔放射型であった可能性が高いともいわれている。

■RAC戦車博物館
The Tank Museum of the Royal Armoured Corps and the Royal Tank Regiment, Bovington, GB
西部戦線でイギリス軍に捕獲された車両で、1944年12月にBMM社で完成した322111号車である。塗装は捕獲時に近い状態で塗り直されている。

■ベルトリンク・ラリーに出場したヘッツアー
Private collection Hetzer in WAR AND PEACE Show
毎年イギリスで開催されているベルトリンク・ラリーに登場した個人所有のヘッツアー後期型（撮影は、故 尾崎正登氏）。

Marder III (r)/(M), Gurile (K), Leichte Einheits Waffentrager
マーダーIII（r）、マーダーIII M型、グリルK型

#35

大戦初期の電撃戦で活躍した38(t)戦車も、独ソ戦が始まると威力不足が顕著になり、二線級部隊に配備されるようになった。しかし、車体の機械的信頼性が高く、大量に生産されていたので、対戦車自走砲マーダーIII、自走歩兵砲グリレ、対空戦車など、車台を利用した自走砲が数多く作られることとなった

写真／笹川俊雄
Photo : Toshio SASAGAWA

ソミュール戦車博物館
Saumur Musee des Blindes

対戦車自走砲マーダーIII(r)
Panzerjäger38(t)für 7.62cm Pak36(r)
Sd.Kfz.139 Marder III (r)

武装：7.62cm Pak36(r)
　　　L51.5×1
　　　7.92mmMG37(t)×1
乗員：4名　重量：10.67t
装甲：15〜50mm
最高速度：42km/h

①ソミュール戦車博物館に展示されているマーダーIII(r)。車体の状態は良好で貴重な一両 ②操縦室前面部分。この部分は厚さ50mmの一枚板。車体は、38(t)G型と同仕様の車体をを用いている ③主砲であるPak36(r)の装填部。右下に弾薬収納部が見える。砲弾はドイツ軍のPak40の弾薬を使用できるよう改造してある

●対戦車自走砲マーダーIII(r)
主砲にソ連軍から大量に捕獲した、7・62㎝F-22野砲を搭載した自走砲。1942年3月より344両が生産された。現存する車両はソミュールとアバディーンの2両のみ。

■ソミュール戦車博物館
Saumur Armour Museum,France

トラベリングロックと排気管は失われているが、車体本体に欠損はなくほぼ完全な状態である。とくに主砲、砲架下の弾薬庫、運転席周りは完璧で、非常に参考になる車両だ。

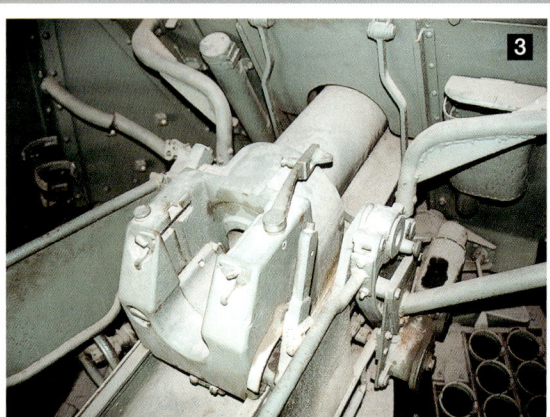

■アメリカ陸軍兵器博物館
U.S.Army Ordnance Museum,Aberdeen Proving ground,Maryland,U.S.A.

屋外展示されている車両で、外観はソミュールに展示してある車両より良好に見えるが、内部は車体底部が抜けており、弾薬庫や操縦手席周りも欠損しているのは残念である。

Marder III(r)

アメリカ陸軍兵器博物館
U.S. ARMY Ordnance Museum, Abardeen Prouing Grownd, USA

4 アメリカ陸軍兵器博物館に屋外展示されているマーダーIII(r)。車体長に比べ砲身がかなり長いのが目立つ。トラベリング・クランプが通常のものと比べると、かなり長いのがわかる 5 車体後方エンジンデッキ上にあるネット状の乗員用ラックは、パイプを溶接して組み上げてあるのが確認できる 6 車体内部は、欠損が激しく砲支持架と運転席の一部が残るのみである

7 ジンスハイム博物館に展示されているH型。起動輪は38(t)戦車の初期型のものと同じで、外周に8個の穴が開いたタイプを装着している 8 同じくオートテックミュージアムの車両の外観。レストア時に再塗装されたため3色迷彩塗装はオリジナルのものではない

対戦車自走砲 マーダーIII(H)

7.5cm Pak40/3 auf Panzerkampfwagen 38(t) Ausf.H Sd.Kfz.138 Marder III(H)

武装：7.5cm Pak40/3 L46×1
7.92mmMG37(t)×1
乗員：5名
重量：10.8t
装甲：15～50mm
最高速度：35km/h

ジンスハイム博物館
Auto und Technik Museum, Germany

■ジンスハイム博物館
Auto und Techic Museum,Sinsheim, Germany

ここオートテックミュージアムでは、現存する唯一のH型が展示してある。以前はムンスター戦車博物館に屋外展示されていたものが移管された車両である。移管時にレストアされ3色迷彩が再塗装されている。幌がかけられた状態で展示されているのが少々残念だ。

●対戦車自走砲マーダーIII(H)
マーダーIII(r)の欠点を改良し、IV号戦車やIII号突撃砲などにも搭載された、46口径Pak40/3を搭載。搭載弾薬数も(r)に比べ10発増え、38発となり装甲も前、側面が50mmと強化されている。38(t)戦車から改装されたものも含め、611両が完成した。

アメリカ陸軍兵器博物館
U.S. ARMY Ordnance Museum, Abardeen Prouing Grownd, USA

対戦車自走砲マーダーⅢ（M）
Panzerjäger 38(t) mit 7.5cm Pak40/3 Ausf. M (Sd,Kfz 183)

武装：7.5cm Pak40/3×1
　　　7.92mmMG34×1
乗員：4名　重量：10.67t
装甲：15〜50mm
最高速度：42km/h

自走歩兵砲（K）
15cm Schweres Infanteriegeschütz 33/1 auf Selbstfahrlafette

武装：15cm SiG33/1×1
　　　7.92mmMG34×1
乗員：4名　重量：10.67t
装甲：15〜50mm
最高速度：42km/h

9 部品の欠損もなく、外観はとてもよく保たれているマーダーⅢM型 10 11 同じくアバディーンに展示されているグリレK型。こちらも程度はよく、無線機ラックも残っている 12 ビクトリー博物館に展示されていた当時のマーダーⅢM型

■対戦車自走砲マーダーⅢM型
マーダーM型は、H型までの38(t)車台をそのまま使っていたのと異なり、エンジンを車体中央に移動した新しい自走砲専用車体に7.5cm Pak40を搭載している。1943年4月から1年余りで975両が生産され、以後はヘッツァーに生産が引き継がれた。3両が現存している。そのうちの1両はベルギー・ビクトリー博物館に展示されていたが、同博物館が閉館となり、現在はオートテックミュージアムでレストア中との情報がある（2008年7月現在）。

●15cm重自走砲　グリレK型
15cm歩兵砲をマーダーⅢM型と同じ新型車台に搭載している。1両のみ現存。

●軽型統制式武器運搬車
強力な71口径88cm対戦車砲を搭載し、指し回りの部品を38(t)から流用して試作してみたが、現存するのは1両。数種類が試作されたが、現存するのは1両。

■アメリカ陸軍兵器博物館
Ordnance Museum, Aberdeen Proving Ground, Maryland, USA
操縦手コンパートメントが溶接型で側面リベットの数が少ない後期型が展示されている。マーダーⅢM型、グリレK型ともに、展示されている車両の外観はよいが、雨ざらしのために内部はかなり傷んでいる。

■ソミュール戦車博物館
Saumur Armor Museum, Anjou, France
アバディーンの車両と同じく後期型の車体。塗装以外の状態は非常によい。

ヴィクトリー軍事博物館
ABCDEFGHIJKLMNOPQRSTUBWXYZ

Marder III(r)

ソミュール戦車博物館
Saumur Musee des Blindes

13 塗装は彩色が薄れ、錆が表面に浮いているが、うっすらとオリジナルの塗装色が残っているのがわかる。車体後部のマフラーが失われているほかは、保存状態はかなりよい 14 エンジン点検ハッチは半開きの状態になっている。主砲トラベルクランプの形状にも注意。15 小さな穴がたくさん開いた箱は、チェコ製車両に特徴的な工具箱。ジャッキの留め金も残っている 16 主砲尾栓の向こう側に無線機ラックが見える。無線機そのものはついていない 17 戦闘室上部の手すりには、機関銃架が取り付けられている。下向きになっているが、先端の部分にMG34の銃身を固定するアタッチメントが確認できる

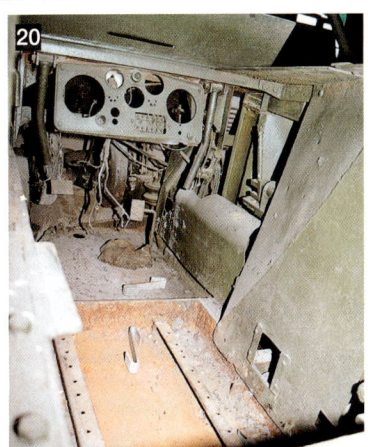

クビンカ戦車博物館
MIBIT Reserch Collection, Kubinka, Russia

軽型統制式武器運搬車 ヴァッフェントレーガー
Leichte Einheits waffenträger

武装：8.8cm Pak43L/71×1
乗員：4名　重量：10.67t
装甲：15～50mm
最高速度：42km/h

18 クビンカに展示されているヴァッフェントレーガーは、大戦末期に開発者であるアルデルド博士自身の手によって実戦投入された車両を捕獲したもので、非常に貴重な車体である 19 8.8cm Pak43の砲尾の巨大さがよくわかる。足回りは履帯、転輪、誘導輪が38(t)から流用され、起動輪はRSOの部品を使っている。車体後部上面に見えるハッチは8.8cm砲弾庫。砲弾搭載数は非常に少ない 20 このヴァッフェントレーガーはクビンカの収蔵車両としては珍しく、部品の欠損がほとんどない。操縦席もシートと計器が失われているほかは、機器類はすべて残っている

Watch the Panzer!
Tank Museum List

著　笹川　俊雄
Toshio Sasagawa
監修　土居　雅博
Masahiro Doi

　ここまで、世界中の博物館に残るドイツ戦車の姿を堪能していただいたが、最後に、これらの戦車たちにどこに行けば会えるのかを、もう一度まとめてみたい。そのほとんどは、当然ながらヨーロッパ、北アメリカに存在する博物館である。軍事・戦車博物館ではあってもドイツ戦車を1両も保有していない、またはチェコ製車両のみ（そのほとんどはヘッツァー）の博物館は除外して、世界の16箇所の博物館を、住所、連絡先、アクセスを含めて紹介する。本書の写真だけでは満足できなくなったマニア諸氏には、ぜひともこれらの博物館に足を運ぶことをお奨めしたい。実際に目の当たりにしたときのドイツ戦車の迫力は、とても写真だけでは伝えきれないというのが、筆者の偽らざる心境である

クビンカ戦車博物館に展示されているマウス

Tank Museum List

ドイツ

1. ムンスター戦車博物館
   Panzer museum Munster
2. コブレンツ国防技術博物館
   Koblentz Museum (WTS)
3. 自動車技術博物館
   Auto + Technik Museum Sinsheim (オートテックミュージアム)

イギリス

4. ボーヴィントンRAC戦車博物館
   RAC Tank Museum Bovington
5. 帝国戦争博物館
   Imperial War Museum

フランス

6. ソミュール戦車博物館
   Saumer Musee des Blindes

ベネルクス

7. ブリュッセル王立軍事歴史館
   Brussel Tank Museum
8. オーバールーン歴史公園
   National Ooralongsen Verzetmuseum Overloon

スイス

9. トゥーン戦車博物館
   Panzer Museum THUN

スペイン

10. アコラザダス博物館
    Museo de Unidades Acorazadas

北欧

11. アクスバル博物館
    Panzer Museet Axvall
12. パロラ戦車博物館
    Panscari Museo

アメリカ

13. アメリカ陸軍兵器博物館
    U.S.Army Ordance Museum
14. パットン戦車博物館
    Patton Museum of Calvalry Armor
15. ボーデン基地軍事博物館
    Borden Military Museum

ロシア

16. クビンカ戦車博物館
    NIBIT Research Collection, Kubinka

(注)ドイツ製車両を1両も有しない博物館及びチェコ製車両(ヘッツアー等)のみしか有しない博物館は除外している。

ボーヴィントンRAC戦車博物館のメインエントランス。チーフテンとチャレンジャーの2両の戦車がガードを務めている

ドイツ

1. ムンスター戦車博物館

Panzer museum Munster
Country: Germany
Address: Hans-Krueger-Strasse 33
　　　　 3043 Munster, Germany
Phone: During operating hours 05192/2552　　http://www.panzermuseum.com/
　　　　Start Munster 05192/130240
Admittance: Adult DM5. Children DM3
Open Hours:
 16th March~30th April/Fri.~Sun./1:00~5:00pm
 1st May~30th Oct/Tue.~Sun./10:00~a.m.~5:00p.m.
 1st Nov~30th Nov/Fri.~Sun./1:00p.m.~5:00p.m.
 1st Dec~15th March closed
Approach: Rail Hannover(IC)→Munster(DB)station
　　　　　Car A7 highway exit Soltau-Ost→B71 road
Outline of Museum
　Munster Tank Museum is a joint establishment of the town of Munster and Kampftruppenschule 2, the central training installation for future officers and noncommissioned officers of the Armored Combat troops. The exhibited military vehicles. Weapons and items of equipment are either the property of the Federal Government, the City of Munster or on German Army and are historical of this country. This museum has 32AFVs and MVs from 1955 to nowadays, and 40AFVs and MVs in WWⅡ.

ムンスター戦車博物館の展示車両リスト　[List of Vehicles]

戦車 (Tanks)

Ⅰ号戦車A型
(Pz.kpfw.Ⅰ Ausf. A)
Ⅱ号戦車C型
(Pz.Kpfw.Ⅱ Ausf. C)
Ⅲ号戦車M型
(Pz.kpfw.Ⅲ Ausf. M)
Ⅳ号戦車G型
(Pz.kpfw.Ⅳ Ausf. G)
Ⅵ号戦車B型
(Pz.kpfw.Ⅵ Ausf. B)

自走砲 (S.P.Guns)

フンメル
(Hummel)
Ⅲ号突撃砲G型・後期型
(StuG.Ⅲ Ausf. G)
Ⅳ号駆逐戦車F型
(Jagdpanzer Ⅳ Ausf. F)
ヘッツァー
(Hetzer G-13)
パックワーゲン
(Sd.Kfz.234/4)

装甲車 (Armored Gars)

中型装甲兵員輸送車D型
(Sd.Kfz.251/1&/9)

その他 (Others)

ベンツ大型乗用車
(Grosser Mercedes)
クルップ1t軽トラック
(Krupp L2H43)
オペル3t中トラック
(Opel-Blitz 3t)
ホルヒ乗用車
(Horch Kfz15)
RSO牽引車
(RSO tractor)
1tハーフ・トラック
(Sd.Kfz.10t)
8tハーフ・トラック
(Sd.Kfz.7)

ドイツ

2. コブレンツ国防技術博物館

The Collection of Military Equipment of the Federal Office for Military Technology and Procurement
Country: Germany
Address: Mayener Strasse 85-87 Postfach 7360 W-5400
　　　　Koblentz
Phone: 0261/400-7999 App.431
Open Hours: 9:30am~4:30pm
Closed Day: From December 24th through January 2nd
Admission: DM2(Military Forces in uniform: admission free)
Photo: Free
Approach: Rail(DB) Koblentz station
　　　　Car Highway A61 or A48→B9 Road→B258 Road
Outline of the museum
　This collection is in addition to government agencies accessible to the general public. It comprises the complete spectrum of military technology. The collection supports the training and career broadening of military engineer and military personal in the conduct of studies by industry and technical divisions of the federal office. Therefore, the collection is presented in an appropriately plain technical manner. In other words, the collection does not resemble a war museum. Here are over 20 tanks & small arms, and a collection of uniforms & equipments.

コブレンツ国防技術博物館展示車両リスト　[List of Vehicle]

戦車(Tanks)	自走砲(S.P.Guns)	その他(Others)
Ⅲ号火焔放射戦車 (Pz.Kpfw.Ⅲ FLAM)	4.7cm1号対戦車自走砲 (4.7cmPak auf Pz.fw.1(B))	3tハーフトラック (Sd.Kfz.11)
Ⅳ号戦車H型 (Pz.Kpfw.Ⅳ Ausf.H)	ヴェスペ (Wespe)	1tハーフトラック (Sd.Kfz.10)
Ⅴ号戦車G型 (Pz.Kpfw.Ⅴ Ausf.G)	ヘッツァー(Hetzer)	ケッテンクラート (Ketten Kraftrad)
ティーガーⅠ初期型 (Tiger Ⅰ early type)	Sd.Kfz.7/1 (2cmFLAK×4 AA)	ゴリアテ(Goliath)
	Sdkfz251/9 (7.5cm×1)	ボルクヴァルト2000Aトラック (Borgward B 2000A)
		Sd.Kfz.231 8輪重装甲車
		Sd.Kfz.251/7 工兵用車

ドイツ

3. ジンスハイム自動車＋技術博物館

AUTO+TECHNIK MUSEUM Sinsheim
Country: Germany
Address: Obere Au 2(Neuland-Au)
　　　　W-6920 Sinsheim bei Heidelberg
Phone: 07261/61116(Fax: 07261/13916)
Open Hours: Dialy, 10:00am~6:00pm
Closed day: No
Admission fee: Adults DM13
　　　　(Handicapped personsDM8)
　　　　Children DM8
Photo: Free (only for private purpose)
Approach: Rail(DB) Heidelberg station→Sinsheim station
　　　　Car Highway 5→High 6, Exit Shinsheim
Outline of the Museum:
　A vibrant display spread over more than 30,000㎡ offers hundreds of ancient original vehicles and components.
　Especially the military historic department contains 75 tanks and tracked vehicles, 40 guns, 48 wheeled vehicles, and a collection of uniforms and equipments.

ジンスハイム自動車＋技術博物館展示車両リスト　[List of Vehicles]

戦車(Tanks)

Ⅲ号戦車N型
(Pz.Kpfw. Ausf.N)
Ⅳ号戦車H型
(Pz.Kpfw.Ⅳ Ausf.H)
Ⅴ号パンターA型
(Pz.kpfw.Ⅴ Ausf.A)
38(t)戦車
(Pz.Kpfw.38t)

自走砲(S.P.Guns)

Ⅲ号突撃榴弾砲F8型
(StuG.Ⅲ Ausf.F8)
Ⅲ号突撃砲G型後期型
(StuG.Ⅲ Ausf.G)
フンメル
(Hummel)
メーベルヴァーゲン
(Möbelwagen)
ヘッツァー駆逐戦車
(Hetzer)
シュトルム ティーガー
(Sturmmörser Tiger)

その他(Others)

8tハーフトラック
(Sd.Kfz.7)
5tハーフトラック
(Sd.Kfz.6)
3tハーフトラック
(Sd.Kfz.11)
1tハーフトラック
(Sd.Kfz.10)
RSO全装軌トラクター
(Raupenschlepper Ost)
ホルヒ統制型自動車
(Horch Einheits PKW)
シュテーヴァー統制型自動車
(Stoewer Einheits PKW)
フェノーメングラニット 1500S
(Phanomen Granit 1500S)

イギリス

4. ボーヴィントンRAC戦車博物館

The Tank Museum of Royal Armored Corps and The Royal Tank Regiment
Country: Great Britain
Address: Bovington Camp, Wareham Dorset BH20 6JG
Phone: 01929-405096　　http://www.tankmuseum.org/
Open hours: 10:00am to 5:00pm
Closed day: 24～25, 31 December & 1 January
Admission fee: _4.00
Photo: Free
Approach: Rail road Poole or Wool station. For Bovington Camp by bus.
Outline of Museum:
　With the end of the Great War, Tank Corps units in Europe and overseas, as well as their training establishments at Bovington, Lulworth, Wareham and Swanage, began to reduce in strength upon demobilization. In 1924 a selection of Vehicle, including Little Willie and Mother, were placed under cover in an open sided shed in part of Driving and Maintenance Wing of the Royal Tank Corps School. The display of over 250 vehicles illustrates, the development of the AFV from 1915 to present times, from the tank as a fighting machine to be made. This Museum have many Valuable vehicle, for example. Mark I～IX, Whippet, Vickers medium Mk.II, Matilda I, M6 Heavy tank, Tiger II (Porsche turret). Sd.Kfz304 Springer and Armored Car Rolls Royce, Lanchester, Crossley.

RAC戦車博物館展示車両リスト [List of Vehicles]

戦車(Tanks)

II号戦車F型&L型
(Pz.Kpfw.Ausf.F&L)
III号戦車L型後期型
(Pz.Kpfw.III Ausf. L)
IV号戦車D型改修型
(Pz.Kpfw.IV Ausf. D)
V号パンターG型
(Pz.Kpfw.V Ausf. G)
VI号戦車ティーガーI
(Pz.Kpfw.VI Tiger Ausf. E)
ティーガーII (ポルシェ砲塔型)
(Tiger II Ausf. B Porsche turret)

自走砲(S.P.Guns)

ヘッツァー駆逐戦車
(Hetzer)
ヤークトティーガー
(Pz.Jag. Tiger)
ヤークトパンター
(Pz.Jag. Panther)
III号突撃砲G型後期型
(StuG.III Ausf. G)

装甲車(Armored cars)

I号指揮戦車B型
(Pz.Kpw.I Ausf. B Command)
中型兵員輸送車
(Sd.Kfz.251/1)
8輪重装甲車
(Sd.Kfz.234/3)
弾薬運搬車
(Springer)

イギリス

5. 帝国戦車博物館

Imperial War Museum
Country: Great Britain
Address & phone: IWM, Lambeth Road London SE/6HZ
   TEL 071 416 5000
   Duxford Airfield, Duxford Cambridge
   CB24QR TEL (0223) 833963 or (0223) 835000
   The Cabinet War Room, Clive Steps
   King Charless Str. London SE/A2AQ
   TEL 071 930 696
   HMS Belfast, Morgans Lane Tooley Str. London
   SE/2JH TEL 071 407 6434
Open hours: 10:00am~6:00pm
Closed days: Christmas Eve, Christmas Day, Boxing Day and New Year's Day
Approach: IWM, The London underground Northern Line Elephant & Castle station
  Duxford, Rail Road Cambridge via BR station.
Admission: IWM_3.50 Duxford_5.50 HMS_3.80
  Cabinet W.Room_3.60
Photo: Free
Outline of the Museum:
 The Imperial War Museum is full of interesting exhibits but above all we tell the human story of war in the 20th century at Great Britain. The museum have HMS Belfast (Navy), Cabinet War Room & Duxford Airfield. Duxford is a different and Fascinating day out of the whole family. The finest collection of military and civil aircraft in the country. There's an incredible variety of tanks, vehicles and guns. Rare vehicles are Pz.Jag, Panther early type and Germany experimental 10.5cm S.P. Light field howitzer.

帝国戦争博物館展示車両リスト　[List of Vehicles] (Include Duxford)

自走砲(S.P.Guns)

ヤクトパンター初期型
(Pz.Jag.Panther)
10.5cm自走軽榴弾砲
(S.P.Lightfield howitzer)
駆逐戦車ヘッツァー後期型
(Hetzer)

ロンドン・帝国戦争博物館の正面外観

フランス

6. ソミュール戦車博物館

Saumur Musee des Blindes
Country: France
Address: E.A.A.B.C.~-49409 Saumur Cedex France
Open hours: 9:00~12:00am 2:00~5:00pm
Approach: SNFC Saumur station
Phone: 0241-83-6995　　http://www.musee-des-blindes.asso.fr/
Photo: Admission 15Fr plus 40Fr.
Outline of museum:

　One of the world's most comprehensive collection of AFV is undoubtedly that at Saumur in France. The promoter and driving force behind the museum is colonel Michael Aubry. He is in charge of the CDEB which forms part of the French armored force and cavalry school. A large proportion of the exhibits are in good running condition, either because the came straight out of service or as a result of thorough restoration by the small but select team of permanent staff members. This museum has many valuable vehicles, for example, Renault FCM-36, AMR-35, Pz.kpfw Ⅲ Ausf F, Ⅱ Ausf L, Ⅵ Ausf E&B, Brumbar late type, 15cm panzerwerfer42 etc.

ソミュール戦車博物館展示車両リスト　[List of Vehicles]

戦車(Tanks)

Ⅱ号戦車L型ルクス
(Pz.Kpfw.Ⅱ Ausf. L Luchs)
Ⅲ号戦車F型
(Pz.Kpfw. Ausf. F)
Ⅳ号戦車J型
(Pz.Kpfw.Ⅳ Ausf. J)
Ⅴ号パンターA型
(Pz.Kpfw.Ⅴ Ausf. A)
Ⅵ号ティーガーⅠ型
(Pz.Kpfw.Ⅵ Ausf. E Tiger I)
ティーガーⅡ
(Pz.Kpfw.Ⅵ Ausf. B Konigstige)

自走砲(S.P.Guns)

ヤークトパンター初期型
(Jagdpanther Ⅴ Early type)
Ⅳ号駆逐戦車ZL型
(JagdpantherⅣ L/70(A)ZL)
ベルムベア最後期型
(Brummbär)
Ⅲ号突撃砲G型10.5cm砲
(StuH.Ⅲ Ausf. G)
マーダーⅡ初期型
(MarderⅡ Early type)
ヘッツァー後期型
(Hetzer)
オペルマウルティア
自走ロケット車
　(15cm Panzerwerfer 42)
Sd.Kfz7/2自走対空砲
メーゲルヴァーゲン
(Möbelwagen)

装甲車(Armoured cars)

Sd.Kfz.222装甲車
Sd.Kfz.250軽兵員輸送車
Ⅴ号パンター戦車回収車
(Pz. Berge)
Sd.kfz.261 工兵架橋車

その他(Others)

Sdkfz10&11ハーフトラック

ベネルクス3国

7. ブリュッセル王立軍事歴史博物館

Royal Army and Military History Museum (Brussel Tank Museum)
Country: Belgium
Address: Royal Museum of the Army and Military
History Park de Cinquanteaire 3, B-1040
Phone: 02-737-7811　　http://www.klm-mra.be
Admittance: Free
Open hours: Monday, Jan. 1st, May. 1st, Nov. 1st, and Christmas Day
Photos: No. But try negotiating directly with BTM
Approach: Subway-Merode Station
　　Car-Cinquantenaire park, easy parking
Outline of the museum:
　Brussels Tank Museum (BTM) is a part of the famous military historic museum of Belgium. BTM is located in Cinquantenaire park 3km from city center of Brussels. Although BTM has 80 armoured fighting vehicles, displays are 40. Rest of 40 AFVs are kept at Belgium army tank school near Arlon.
　Valuable AFVs at BTM are Vickers utility tractor, T-13B self-propelled gun of Belgian army of WWⅡ German assault gun ⅢF/8, M4A3E2 (Jambo) and Pz.kpfw Ⅳ command type.

ブリュッセル戦車博物館展示車リスト　[List of Vehicles]

戦車(Tanks)

Ⅳ号戦車J型
(Pz.Kpfw.Ⅳ Ausf. J)

自走砲(SP Guns)

Ⅲ号突撃砲F/8型
(StuG.Ⅲ Ausf. F/8)
ヘッツァーG-13型
(Hetzer G-13)
Sd.Kfz7/2 3.7㎝ Flak36搭載8tハーフトラック

8. オーバールーン歴史公園

National Ooralogsen Verzetmuseum Overloon
Country: Holland
Address: Museum park 1-5825
Phone: 478-641250　　http://www.oorlogsmuseum-overloon.nl/nl/
Open hours: 9:30~6:00
　　Sep.~May 10:00am~5:00pm
Closed day: Monday, Jan. 1st, Dec. 24, 25, 31
Photos: Free
Approach: Rail-NS-Station Venray or Boxmeer
Outline of Museum:
　Overloon National Resistance Museum (ONRM) is established May 1946 by Dutch government at Venray Village near Naimerhen.

Naimerhen is famous as a battle ground Market garden operation by British army 17th September 1944. After that there was big scale tank battle with British armor division vs German panzers.

ONRM is located in the forest, 20 more AFVs are placed the side of wooden trail.

They are M4 Sherman crab, Cromwell, Valentaine and German typeⅤ. Other displays are Spitfire British fighter, Mitchell B-25American bomber, German midget submarine and 30 more howitzers, cannons, naval guns.

オーバールーン歴史公園展示車両リスト [List of Vehicles]

戦車(Tanks)

ルノーFT-17
(Renalt FT-17)独軍仕様
T-34/85独軍仕様
Ⅴ号戦車A型
(Pz.kpfw.Ⅴ Ausf. A)

オーバールーン歴史公園に展示されているルノーFT-17独軍仕様

スイス

9.トゥーン戦車博物館

Panzer Museum THUN

Country: Switzerland

Address: Kdo AAAP
　　　　Karerne Thun 3602 Thun

Phone: 033/283262 (Mr. Adi Martignoni)

Open hours & Admission: By Permission of instructor

Closed days: Federal holidays, Sunday

Photo: Free

Approach: Railroad-Thun station

Outline of museum:

This museum is an official military collection, intended primarily to show pupils of the local armour school how the tank and its derivative have developed, from W.W.Ⅰ onwards. Shown here are the majority of the exhibits. Museum have over 40 AFVs. Valuable AFVs are Renault 35, 4.7cm Pak-SP Gun, Jagdpz.Ⅳ early type, Jagdpanther, Panther ausf.D and TigerⅡ of German W.W.Ⅱ AFVs.

スイス

トゥーン戦車博物館展示車両リスト　[Lisf of Vehicles]

戦車(Tanks)

キングタイガー
(Pz.kpfw.Ⅵ ausf.B)
Ⅴ号パンターD型
(Pz.Kpfw. Ⅴ ausf.D)
Ⅳ号戦車H型
(Pz.kpfw. Ⅳ ausf.H)
38(t)軽戦車輸出型TNH
（Pzw 39.）

自走砲(S.P.Guns)

ルノー4.7cm対戦車自走砲
(4.7cmPak auf Renault35)
Ⅲ号突撃砲
(StuG.Ⅲ ausf.G)
Ⅳ号駆逐戦車初期型
(Jagdpanzer. Ⅳ)
ヤークトパンター
(Jagdpanzer. Ⅴ)

トゥーン戦車博物館の正面ゲートの標識

スペイン

10. アコラザダス博物館

Museo de Unidades Acorazadas
Country: Spain　Address: ?
Photo: Free　Open Hours: 5:00pm~sunset
Approach: Madrid City
Outline of Museum:
　This museum means Spanish Civil War, and Spanish Army history.

アコラザダス博物館展示車両リスト　[List of Vehicles]

戦車(Tanks)

Ⅰ号戦車A&B型
(Pz.Kpfw.Ⅰ ausf. A&B)
Ⅳ号戦車H型
(Pz.Kpfw.Ⅳ ausf. H)

自走砲(S.P.Guns)

Ⅲ号突撃砲G型前期型
(StuG.Ⅲ ausf. G)

北欧

11. アクスバル博物館

11アクスバル博物館
PANSARMUSEET AXVALL
Country: Sweden
Address: Axvall, 10km from Skovde (Pronouncing 〆Forbda₹) station. Exact address is uncertain.
Phone: 0511/621 38(Museum), 0500/145 95(Director)
Open hours: 10:00~16:00
　　　(Wednesday~Sunday; 2 May~31 Aug)
　　　9:00~15:00
　　　(Tuesday & Wednesday; 1 Sep~1 May)
Admission Fee: None
Photo: Prohibited outside the Museum (Security reason)
Approach: Skovde station. It will take about 3hr from Stockholm by express (for Goteborg)
Outline of the Museum:
　Founded in August 1969. This museum has 45 interesting vehicles which telling the AFV development history of Swedish Army in 50 years.
　The collection includes from primitive tanks of 1920〕s to modern S-Tank. Especially, German Pz.kpfw 1 Ausf.A, Stug.Ⅲ Ausf.D and Swedish 155mm Bandkanonand 1 is precious.

12. パロラ戦車博物館

PANSSARI MUSEO
Country: Finland
Address: 13700 Parolannummi
Open hours: 9:00~16:00
Admission Fee: 10Mk(Markka) as of summer 1989
Photo: Free, except for StG.3 "Ps531-10"
Approach: Take a train from Helsinki and get off at Hameenlinna Station,
then 10minutes ride by taxi or Photo: Prohibited 2hr. drive from Helsinki.
　Outline of Museum:
This museum has about 30 more AFVs.
　Mostly Russian-made vehicle, and some Germans, reflecting results of two
　independence wars with USSR and WWⅡ.
Of course, there are famous T-34/76, T-34/85, KV-1C, but also there are many Russian, pre-and early, war tanks, as T-26 & its variants, T-28 multi-turret tank, Precious T-50.

アクスバル博物館展示リスト　[List of Vehicles]

戦車(Tanks)

Ⅰ号戦車A型
(Pz.Kpfw.Ⅰ Ausf. A)

自走砲(S.P.Guns)

マーダーⅡ対戦車自走砲
(MarderⅡ)
Ⅲ号突撃砲D型
(StuG.Ⅲ Ausf. D)
ヘッツァー駆逐戦車
(Hetzer)

パロラ戦車博物館リスト　[List of Vehicles]

戦車(Tanks)

Ⅳ号戦車J型
(Pz.Kpfw.Ⅳ Aust. J)

自走砲(S.P.Guns)

Ⅲ号突撃砲G型各種
(StuG.Ⅲ Ausf. G)

アメリカ

13. アメリカ陸軍兵器博物館

U.S.Army Ordnance Museum
County: USA
Address: Aberdeen Proving Ground, Maryland 21005-5201
Phone: 410-272-3622　　http://www.ordmusfound.org/index.htm
Open hours: Tues. Thu. Fri. 12:00pm~4:45pm Sat.~Sun. 10:00am~4:45pm
Closed day: Monday & National Holidays (Outside open every time)
Admission Fee: No
Photo: Free
Approach: Car Interstate 95(Kennedy Highway).
　　　Leave the highway at Aberdeen Interchange and turn left onto Route22.
Outline of the museum:
　This museum is to collect, preserve and account for historically significant property that relates to the history of the U.S. Army Ordnance corps and the evolution and development of American military ordnance material from the colonial period in American history to the present. Outside exhibits are Tanks and Artillery of 225 items. Valuable AFVs are Heushrecke, GW. Lorraine, Elefant, Type89 tank, TypeⅠsp guns(Ho-Ni), semovente 90/53 and 149/40 and Christie M-1931, etc.

アメリカ陸軍兵器博物館展示車リスト　[List of Vehicles]

戦車(Tanks)

Ⅰ号戦車B型
(Pz.Kpfw.I Ausf. B)
35(t)戦車
Ⅲ号戦車H、M及びN型
(Pz.Kpfw.Ⅲ Ausf. H, M&N)
Ⅳ号戦車D, F2, G及びH型
(Pz.Kpfw.Ⅳ Ausf. D, F2, G&H)
Ⅴ号戦車A及びG型
(Pz.Kpfw.Ⅴ Ausf. A&G)

自走砲(SP Guns)

マーダー7.62cm砲搭載型
(Marder Ⅲ Pak36(r))
マーダーⅢM型
(Mader Ⅲ Ausf. M)
グリレK型
(Grille Ausf. K)
ヘッツァー駆逐戦車後期型
(Hetzer)
Ⅲ号突撃砲F及びG型前期型
(StuG.Ⅲ Ausf. F&G)
ブルムベア中期型
(Stu. Pz. Brummbar)
ホイシュレッケ
(Heuschrecke)
Ⅳ号L/70駆逐戦車ラング
(Pz.Ⅳ/70)
ナスホルン
(Nashorn)

エレファント後期型
(Elefant)
ヤークトパンター
(Pz.Jag. Panther 8.8cmPak)
ヤークトティーガー
(Pz.Jag. Tiger 12.8cm Pak)

アメリカ

14. パットン戦車博物館

Patton Museum of Cavalry Armor
Country: U.S.A.
Address: Patton Museum P.O.Box 208 Fort Knox, KY 40121-0208
Phone: (502)624-3812   http://www.generalpatton.org/
Open hours: 9:00am to 4:30pm
　　　　　　Holiday and Weekends 10:00am to 4:30pm
Closed day: 24~25, 31 December & 1 january
Admission: Free
Approach: Fort Knox Fayette Avenue (near the Chaffee Avenue entrance to Fort Knox)
Outline of the museum:
　This museum was established to preserve historical materials relating to Cavalry and Armor and to make these properties available for public exhibit and research. The museum was opened to its present location on 11 November 1972. The "Patton Gallery" contains many personal items used by General Patton through his life. Other historically significant vehicles and equipment are located in Keyes Park, adjacent to the Museum. It has 169 AFVs. (Exhibit 28, Outside 62, Storage 79)

パットン戦車博物館展示車両リスト　[List of Vehicles]

戦車(Tanks)	自走砲(S.P.Guns)	その他(Others)
Ⅲ号戦車F型およびH型 (Pz.kpfw.Ⅲ Ausf. F&H)	フンメル (Hummel)	キューベルヴァーゲン (Kubel wagen)
パンター戦車Ⅱ型試作車 (Panther Ⅱ Prot-type)	Ⅲ号突撃榴弾砲G後期型 (StuG. 40 Ausf. G)	シュヴィムヴァーゲン (Shwimmewagen)
Ⅵ号戦車B型ティーガーⅡ (Pz.kpfw.Ⅵ Ausf. B)	ヘッツァー (Hetzer G-13)	ケッテンクラート (Kettenkrad)

パットン戦車博物館のメインエントランス前に並ぶ3両のドイツ戦車

アメリカ

15. ボーデン基地軍事博物館

Borden Military Museum
Country: Canada
Address: Base Borden Military Museum
    CFB Borden, Ontario LOMICO
Admission: No
Phone: (705)423-3531
http://www.borden.forces.gc.ca/cfb_borden/english/community/museum_e.asp
Open hours: Weekdays 9:00~12:00am 1:15~3:00pm
    Weekend 1:30~4:00pm
Approach: CFB Borden can be reached by either Highway 90 form Barrie or Simcoe Country Road 15
    North from Alliston
Outline of Museum:
  The total of six military museum have been concentrated in one central area within Canadian Forces Base Borden.
  These are centered on Worthington Park, which is an out door display of armoured fighting vehicles and artillery pieces dating from the WWⅠ
  This museum have about 30 AFVs, RAMⅠ Cruiser, RAMⅡ and Wirbelwind AA. etc

ボーデン博物館展示車両リスト　[List of Vehicles]

戦車(Tanks)

Ⅴ号パンターA型
(Pz.kpfw.Ⅴ ausfA)

自走砲(S.P.Guns)

Ⅳ号対空自走砲ヴィルベルヴィント
(Wirbelwind)
ヘッツァー前期型
(Hetzer early type)

ボーデン博物館に展示されているヴィルベルヴィント

ロシア

16. クビンカ戦車博物館

NIBIT Research Collection, Kubinka
Country: Russian Federation
Address: Military Institution-Laboratory (NIIBT)area, Kubinka, Moscow region
Admission: ?
Phone: 095-544-8611　　http://www.tankmuseum.ru/
Open hours: AM10:00~PM17:00
Photo: No
Approach: On Minsk Street, south west far 60km from Moscow.
Outline of the museum:
　Kubinka tank museum exist of NIBIT Research collection at Base Kubinka. This museum have the great number of tank collections. All most of Russian AFVs (Contained test vehicles, object numbers) are here. Specially, the sixth collection room have rare German tanks, super heavy tank (Maus, Pz. Kpfw Ⅵ ansfB. Ⅳ ansfE. Ⅰ ausf F, Karl, 12.8cm VK300I(H) PzsfIV, StuG 33B, Sd. Kfz164 Nashorn, Ferdinand, Strum tiger and 8.8cm PAK Einheits waffen-trager, etc)
Regrettably, this museum does not permission to look free.

クビンカ戦車博物館の展示車両リスト　[List of Vehicles]

戦車(Tanks)

ティーガーⅠ E型
(Tiger Ⅰ Ausf. E)
ティーガーⅡ B型
(Tiger Ⅱ Ausf. B)
マウス
(Maus)
Ⅴ号パンターA型
(Pz.Kpfw.Ⅴ Ausf. A)
Ⅳ号G型
(Pz.Kpfw.Ⅳ Ausf. G)
Ⅲ号J型
(Pz.Kpfw.Ⅲ Ausf. J)
Ⅱ号F型
(Pz.Kpfw.Ⅱ Ausf. F)

自走砲(S.P.Guns)

ヴェスペ
(Wespe)
Ⅲ号突撃砲F/8&G型
(StuG.Ⅲ Ausf. F/8&G)
カール
(Karl)
12.8cmⅣ号自走砲
(VK3001(H) PzSf Ⅳ)
Ⅲ号突撃歩兵砲33B
(StuG. 33B)
ナースホルン
(Nashorn)
ブルムベア
(Brummbar)
フェルディナント
(Ferdinand)
ヤークトティーガー
(Jagdtiger)
シュトルムティーガー
(Sturmmöser Tiger)
ヴァッヘン トレーガー
(Einheits Waffentrager)
ヤークトパンター
(Jagdpanther)

装甲車(Armord Cars)

Sd.Kfz.250/1&9
Sd.Kfz.251/9

その他(Others)

12tハーフトラック
(Sd.Kfz.8DB10)
8tハーフトラック
(Sd.Kfz.7 KMm11)
ケッテンクラート
(Sd.Kfz.2 Kettenkraftrad)
爆薬敷設車
(Sd.Kfz.301 BⅣ AusfB)

Watch the Panzer!
ウォッチ・ザ・パンツァー

博物館に現存するドイツ戦車実車写真集

著者	笹川俊雄
監修	土居雅博
アートディレクション・デザイン	丹羽和夫（九六式艦上デザイン）
DTPオペレーション	小野寺 徹
協力	月刊『アーマーモデリング』 辻 壮一
写真協力	梅本 弘 大久保大治 小田桐太郎 黒田 清 斎木伸生 柴田和久 トーマス・アンダーソン 富岡吉勝 土居雅博 沢田 清

発行日	2008年9月30日　初版第1刷
著者	笹川俊雄
発行人	小川 光二
発行所	株式会社 大日本絵画 〒101-0054東京都千代田区神田錦町1丁目7番地 Tel. 03-3294-7861（代表）　Fax.03-3294-7865 URL. http://www.kaiga.co.jp
企画・編集	株式会社 アートボックス 〒101-0054東京都千代田区神田錦町1丁目7番地 錦町1丁目ビル4F Tel. 03-6820-7000（代表）　Fax. 03-5281-8467 URL. http://www.modelkasten.com
印刷・製本	大日本印刷株式会社

©2008　株式会社大日本絵画／笹川俊雄
本書掲載の写真および記事等の無断転載を禁じます。
ISBN978-4-499-22969-2